Dormir, rêver

Le sommeil des animaux

Corine Lacrampe

Dormir, rêver

Le sommeil des animaux

L'Iconoclaste

Remerciements

Rien n'aurait pu se faire sans l'accord et le soutien de Madame Mireille Cayreyre et les encouragements ainsi que la confiance de Jean Dunia. Qu'ils soient ici particulièrement remerciés pour leur précieux regard de tous les instants. Enfin, ce livre doit aussi beaucoup à l'aide sans faille d'Emmanuelle Vetard et de Philippe Ement.
S. de S.

Je remercie tout particulièrement
Anne Hauben, rédactrice en chef de Science et nature, *pour sa confiance et son amitié*
Nicole Vallée pour ses corrections
et pour leur contribution scientifique
Irène Tobler, professeur de biologie, chercheuse spécialisée dans les études comparatives sur le sommeil (laboratoire de pharmacologie et de toxicologie de l'université de Zurich)
Jean-Louis Valatx, médecin, directeur de recherche à l'Inserm à Lyon
Gérard Dewasmes, physiologiste du sommeil, chercheur au CNRS (U.E.R. de médecine d'Amiens)
Anne et Jacques Six, photographes entomologistes
Bernard Buisson, Alain Blanc et Joël Attia, chercheurs à l'U.E.R. des sciences de Saint-Étienne (travaux sur l'horloge interne de l'escargot)
Gilles Bœuf, directeur du laboratoire Arago, à Banyuls-sur-Mer, professeur de physiologie du poisson, à l'université Paris VI
Bernard Devaux, spécialiste et protecteur des tortues, fondateur du village des tortues de Gonfaron (Var)
Claire et Jean-François Voisin, ornithologues, maîtres de conférences au Muséum national d'histoire naturelle de Paris
Emmanuelle Grudmann, spécialiste des orangs-outans (Muséum national d'histoire naturelle de Paris),
et, bien entendu, Alphée, Margot et Noak.
C. L.

Coordination éditoriale :	Jean-Baptiste Bourrat
Édition et iconographie :	Valérie Millet
Relecture scientifique :	Henry Depoortere, David Sanger
Conception graphique :	Double, Paris
Photogravure :	Arciel Graphic, Paris

33, rue Linné
75005 Paris
FRANCE
Tel : (00 33) 1 43 31 89 85
Fax : (00 33) 1 43 31 77 97
mél : iconoclaste@easynet.fr

Sommaire

Avant-propos

Comment dort la sauterelle ? Et le poisson rouge ? Omniprésent dans le règne animal, le sommeil se manifeste avec une étonnante diversité. Tous les animaux, du moustique au chat, alternent des phases de repos et des phases d'activité. Toutefois, seuls les plus évolués bénéficient de ce sommeil élaboré qui se caractérise par des modifications de l'activité électrique cérébrale. Celui-ci est scindé en deux phases principales : un sommeil lent et calme, d'une part, un sommeil agité, dit paradoxal, et abritant l'essentiel des rêves, d'autre part.

Le sommeil s'est complexifié au fur et à mesure de l'évolution des espèces, en même temps que s'édifiaient un système nerveux et un cerveau de plus en plus raffinés. Nous suivrons cette évolution depuis les insectes primitifs, munis de ganglions nerveux rudimentaires, jusqu'aux mammifères, au cerveau perfectionné. En fait, le monde animal exprime un sommeil varié : simple rythme de repos quotidien ordonné par une horloge interne chez la mouche ou le brochet, rêves agités du chien, nuits ensommeillées des primates, si semblables aux nôtres. Nous évoquerons, par ailleurs, comme autant d'états léthargiques à la frange du sommeil, l'hibernation, la diapause, le jeûne tétanisé de certains oiseaux, les simulacres de la mort et même l'autocongélation hivernale chez certaines grenouilles.

Songes antiques

L'intérêt pour le mystère du sommeil, cette « petite mort » somme toute inquiétante, remonte, évidemment, à la nuit des temps. Des textes sanskrits pluri-millénaires évoquent déjà les différentes phases de vigilance du cerveau : éveil, sommeil sans rêves, sommeil avec rêves. Les observateurs eurent très tôt l'intuition des particularités du sommeil, y compris celui des animaux. Dès le Ier siècle, le poète et savant latin Lucrèce évoquait les rêves des chevaux endormis : « Tu verras de fiers chevaux, quand leur corps au sommeil s'abandonne, transpirer, haleter sans arrêt, tendre tous leurs muscles vers la victoire ou par les barrières ouvertes. »

Pour Aristote, le sommeil résulte de la digestion. Dans *De somno et vigilia* (*Du sommeil et de la veille*), le philosophe explique comment les vapeurs créées lors de la digestion refroidissent le cœur, organe que l'on considérait alors comme central. Toutefois, de manière générale, les philosophes et les médecins grecs s'accordaient plutôt à penser que le sommeil résultait d'une séparation provisoire entre le corps et les sens, c'est-à-dire d'une espèce de déconnexion du cerveau. À quelques variantes près, cette théorie a survécu plus de quinze siècles ! C'est l'invention de l'électroencéphalogramme (EEG) qui révolutionna la science du sommeil. En 1875, Caton, un Anglais, mit en évidence pour la première fois une activité électrique au sein du cerveau. Posant des électrodes sur la cervelle d'un lapin, il mesura avec un galvanomètre une fréquence cérébrale égale à 8 Hz. En 1924, un médecin allemand, Hans Berger, enregistra l'activité électrique d'un cerveau humain. Les chercheurs multiplièrent les mesures sur les animaux anesthésiés. Le premier qui effectua un enregistrement sur un animal conscient fut l'Allemand Klaue. Dans un article publié en 1937, il décrivait le sommeil léger du chat, avec ondes lentes (delta), et son sommeil profond, avec activité corticale rapide. Il avait découvert le sommeil paradoxal.

Les pères du sommeil

La science du sommeil fit un grand bond en avant avec la publication en 1953, dans la revue *Science*, d'un article d'Eugène Aserinsky et Nathaniel Kleitman révélant l'existence du sommeil REM (Rapid Eyes Movements), sommeil durant lequel des mouvements oculaires rapides sont perceptibles sous les paupières. Les deux chercheurs de l'université de Chicago, qui avaient enregistré des EEG chez les dormeurs durant des nuits et des nuits, établirent une corrélation indiscutable entre rêve et sommeil REM. Dans 80 à 85 % des cas, lorsque l'on réveille un dormeur en phase de sommeil REM, il déclare qu'il était en train de rêver. Rejoint par William Dement, Kleitman décrivit précisément cette corrélation, dès 1957. Ce sommeil REM fut également appelé sommeil paradoxal car il s'accompagne d'une intense activité cérébrale, alors que le corps subit, dans le même temps, une totale atonie musculaire, paralysie effectivement paradoxale. Autre mousquetaire de l'étude du sommeil, le neurobiologiste français Michel Jouvet mena, dans son laboratoire lyonnais, de nombreuses études sur le sommeil du chat. Il démontra que l'atonie musculaire qui accompagne le sommeil paradoxal est déclenchée par les neurones du tronc cérébral. Parmi les autres pionniers de la recherche moderne sur le sommeil, il faut citer Bernie Webb, fondateur du laboratoire de sommeil de l'université de Floride. Aujourd'hui, de nombreux scientifiques sont impliqués dans cette étude, dont l'Américain Charles Amlaner, spécialiste du sommeil des oiseaux, Irène Tobler à Zurich, l'équipe de Michel Jouvet à Lyon, ou Peretz Lavie à Haïfa, en Israël.

Comment définir le sommeil ?

Dans la mythologie grecque, Hypnos, dieu du sommeil, qui impose son rythme à nos vies, est le frère jumeau de Thanatos, dieu de la mort. Comment reconnaître le sommeil ? Comment le différencier de l'éveil, mais aussi de la mort ? Medhi Tafti, neurobiologiste à l'université de Genève, souligne que le premier critère comportemental du sommeil est l'absence de mouvement. Mais il insiste immédiatement sur l'erreur qu'il y aurait à se cantonner à ce seul critère. En effet, de nombreux animaux, y compris parmi les mammifères, passent une grande partie de leur temps dans un état de veille dite calme, où ils ne bougent quasiment pas, alors même qu'ils ne sont pas endormis. D'autres critères sont déterminants, comme une diminution de réponse aux stimuli externes ou une posture stéréotypée. L'état de sommeil doit également être réversible, pour se différencier de l'immobilité morbide.

Irène Tobler, professeur de biologie à l'institut de pharmacologie et toxicologie à l'université de Zurich, est l'une des grands spécialistes de l'observation du sommeil des animaux, dans la nature, au zoo et en laboratoire. Elle a étudié le phénomène chez des espèces aussi différentes que la blatte, le pigeon ou la girafe. Irène Tobler définit six critères principaux du sommeil : l'animal dort dans un endroit particulier, il adopte une posture typique, il est dans un état de quiescence physique, son seuil de réveil est élevé, il passe rapidement du sommeil à la veille. S'il est parfois difficile de déterminer des critères comme celui de la posture – dans quelle position dort la coccinelle ? –, le sixième critère est indéniable : lorsque l'on prive un animal de l'état qui ressemble à du sommeil suffisamment longtemps, il récupère en se mettant à dormir dès qu'il en a l'occasion. Irène Tobler a observé ce phénomène, qu'elle qualifie de « rebond » de sommeil, chez de nombreuses espèces de mammifères, d'oiseaux ou d'insectes. Ses recherches sur les blattes permirent ainsi d'étendre la notion de sommeil aux insectes. De fait, chez tous les animaux le rythme d'activité et de repos est réglé par un processus de contrôle dit homéostasie, selon lequel plus l'éveil est long, plus le sommeil (ou le repos) qui s'ensuit sera long.

De même, pour Michel Jouvet, le sommeil est un phénomène périodique, qui s'accompagne d'immobilité, d'une diminution des rythmes cardiaque et respiratoire, d'un ralentissement de l'activité électrique cérébrale (chez les animaux munis d'un cerveau) et d'une augmentation du seuil d'éveil : « On doit pouvoir capturer plus facilement un animal qui dort qu'un animal éveillé qui se repose. » Le biologiste lyonnais, qui a consacré sa carrière à l'étude du sommeil, est persuadé de l'universalité du phénomène : « Il ne peut exister d'activité continue sans repos périodique. À partir de cette donnée fondamentale, l'évolution a dû "inventer" des corrections pour que chaque espèce puisse trouver une place pour le sommeil, selon son milieu. »

1

Insectes : les prémices du sommeil

LES INSECTES DORMENT-ILS ? C'est plutôt par leur agitation qu'ils attirent notre attention ! Les voici s'acharnant à creuser, sucer, piquer, broyer et engranger des réserves. Le scarabée bousier roulant, comme Sisyphe, sa boule gigantesque, la fourmi ouvrière ou l'abeille symbolisent plus l'ardeur à l'ouvrage que le repos. Néanmoins, l'activité des insectes est périodiquement entrecoupée par des moments de trêve (photo page de gauche). Ailes repliées, tête baissée, immobiles et silencieux, mouches et moustiques se posent. Décontractés, ils défient alors les lois de la pesanteur, fixés sur les murs ou au plafond, grâce aux petits coussinets adhésifs qui équipent leurs pattes. Sans que l'on puisse parler de véritable sommeil, à l'instar de celui des mammifères ou des oiseaux, les insectes alternent des phases d'activité et de repos, respectant, le plus souvent, un rythme circadien, lié à l'alternance du jour et de la nuit. Ce sommeil apparent, dit comportemental, se traduit par une immobilité, une baisse de vigilance et une diminution de l'activité électrique des ganglions nerveux, cerveau sommaire des insectes. Il n'est qu'une préfiguration de celui apparaissant plus tard dans l'évolution des espèces. En revanche, les insectes sont virtuoses en matière de dormance, cet état spécifique durant lequel l'animal vit au ralenti.

Un sommeil primitif

Leur petite taille nous fait trop souvent oublier leur nombre. Les insectes, apparus avant même les dinosaures, il y a 400 millions d'années, restent d'une incroyable diversité : les entomologistes estiment entre 1 et 5 millions leur nombre d'espèces. Robustes et variés, les insectes ont colonisé les milieux les plus austères.

Chambres à coucher
Pour dormir, les phryganes trichoptères (dessin ci-dessus) se glissent dans les fourreaux qu'elles se sont confectionnés avec des débris végétaux. La psyché, chenille exotique (ci-dessous), se repose la tête dans son hamac. Page de gauche : la guêpe coucou dort tête baissée, antennes rabattues et enserrées dans les pattes antérieures.

Camouflage et imposture
Difficiles à repérer, certains insectes au repos imitent un bout d'écorce, une feuille, voire un excrément d'oiseau, comme c'est le cas pour le Landa (à gauche), un papillon de nuit. À droite: le Cilix glaucata *imite les yeux d'un oiseau.*

Ceux qui nous sont familiers, mouches, fourmis, scarabées ou doryphores, ne représentent que la partie visible de l'iceberg. Les insectes se cachent par millions sous les pierres et les écorces, dans la terre ou au fond de l'eau, minuscules, invisibles, mais indispensables à l'équilibre écologique de notre planète, assurant la pollinisation des fleurs et le recyclage biologique. Mieux, ils se mangent les uns les autres dans une autorégulation bien orchestrée. Mais, proies ou prédateurs, avec ou sans ailes, larves ou adultes, tous se réservent des plages de repos. Certains, actifs dès l'aurore, regagnent leur cachette pour passer la nuit sans bouger, d'autres, au repos toute la journée, attendent le crépuscule du soir pour s'agiter. Les indésirables blattes sortent de leur abri chaque nuit, à la recherche de nos détritus. Elles croisent les poissons d'argent, qui glissent sur les murs avant de s'installer sous le papier peint, voire entre les pages d'un livre dont ils digèrent la cellulose. Du potager au sommet des arbres, c'est la même effervescence. Les papillons de nuit se régalent de nectar, les grillons et les sauterelles déterrent les larves d'autres insectes. À l'aube, ce petit monde grouillant se met à l'abri, pour somnoler. Dès la levée du jour, les insectes diurnes, mouches charognardes et abeilles butinantes, prennent le relais.

De nombreux insectes se reposent dans des abris spécifiques, rejoignant un terrier, s'enfilant sous une pierre, une feuille morte ou le repli d'une herbe. Ainsi protégés, ils s'immobilisent et se détendent.

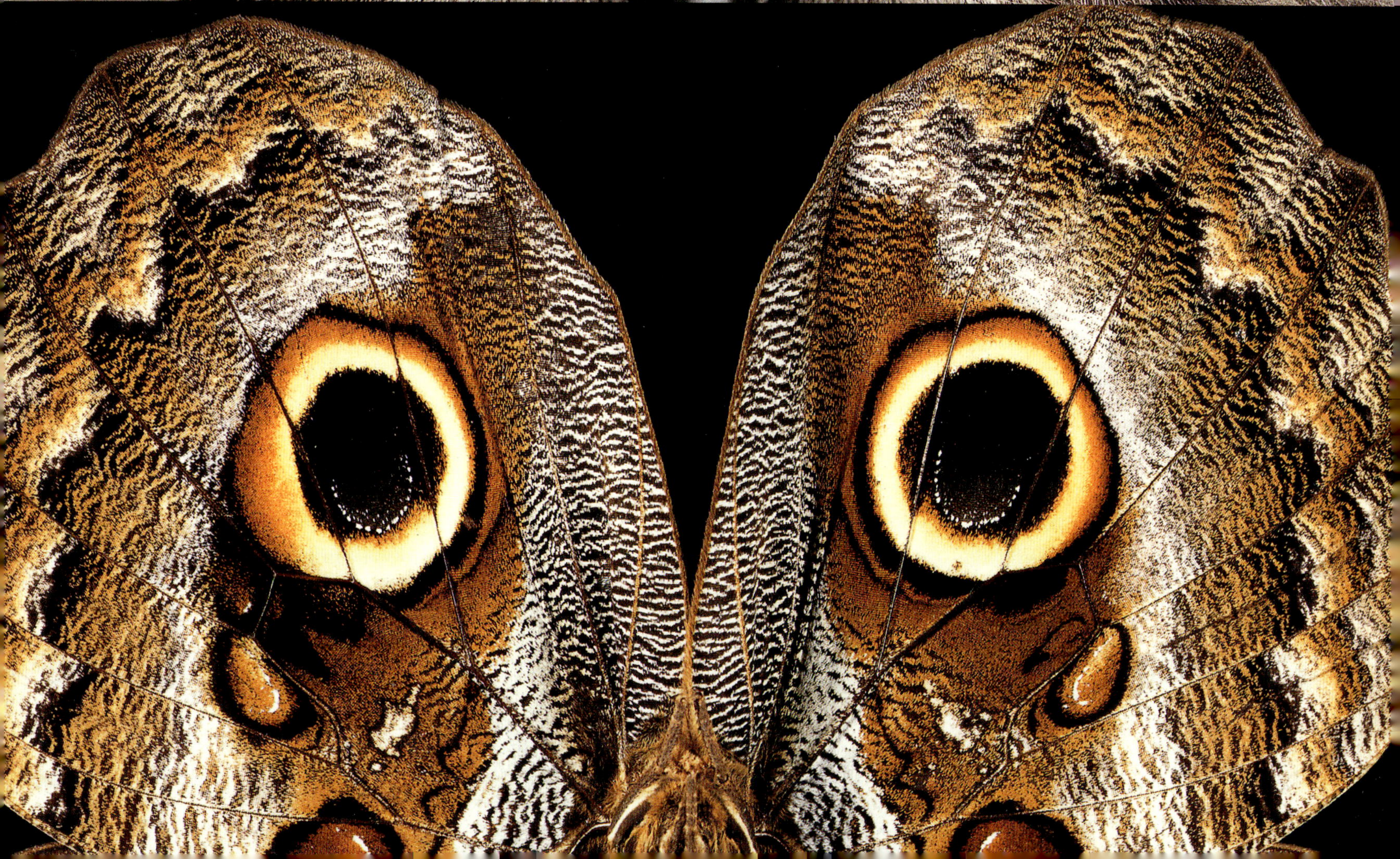

UN INSECTE PARESSEUX

Même si elle chante pendant que d'autres engrangent leurs réserves pour l'hiver, la cigale n'est pas la plus fainéante des insectes… C'est le phasme qui détient le record. Cet orthoptéroïde en forme de brindille est aux insectes ce que le paresseux est aux mammifères. Le phasme se caractérise par son immobilité. Il ne se déplace que très rarement, et avec une extrême lenteur. Une vraie stratégie d'économie d'énergie. Par ailleurs, simulant la forme des branchages ou des feuillages, il se fond dans le paysage, adoptant une tactique de mimétisme. Certaines espèces ont même la capacité de changer de couleur pour adopter précisément celle de leur support. Quelques phasmes sont même clairs le jour et sombres la nuit.

Seuls les entomologistes avertis savent reconnaître à sa posture si tel ou tel insecte est assoupi. Pour marquer le repos, celle-ci doit s'accompagner d'une baisse de vigilance. Toutefois, l'insecte ne se relâche jamais totalement. Cette stratégie de sommeil léger n'est certainement pas étrangère à la survie, depuis la nuit des temps, de ces petits animaux menacés par tant d'insectivores.

Vivre en pointillé

Les insectes présentent des phases d'immobilité, sans baisse de vigilance, qui entrecoupent une journée ou une nuit d'activité. Ainsi, tout immobiles qu'elles soient, les puces du plancher ne dorment pas. Elles sont à l'affût d'un animal à sang chaud sur lequel elles vont sauter. Quant à la mouche posée sur le mur, apparemment au repos, il lui suffit d'un cinquantième de seconde pour s'envoler…

Mais un insecte immobile et éveillé n'est pas forcément à l'affût. Lorsqu'un papillon de jour délaisse le nectar de la fleur sur laquelle il vient de se poser et replie ses ailes, en position de repos, c'est, en fait, pour chauffer ses muscles avant l'envol. L'immobilité

permet également d'éviter de se faire repérer des prédateurs. Mieux, certains se déguisent pour effrayer leur ennemi. Ainsi, des coléoptères cérambycides et des mouches syrphides ont pris les couleurs d'une guêpe, affichant, au niveau de l'abdomen, des rayures jaunes et noires. Quant aux yeux qui ornent les ailes de certains papillons, ils imitent ceux d'oiseaux insectivores, comme chez le *Cilix glaucata* (photos p. 17) pour effrayer leurs prédateurs. Le repos est également protecteur : il limite les rencontres avec les ennemis. Posé dans un coin discret, le moucheron réduit son temps de vol et ainsi la probabilité de finir sa vie dans le bec d'une hirondelle.

Une ultime stratégie de défense passive consiste, face au danger, à faire le mort. Cette attitude déconcerte de nombreux prédateurs, qui ne réagissent qu'aux proies vivantes et agitées. Si on le capture, le citron, délicat papillon jaune paille, tombe dans un état cataleptique de mort apparente, ne réagissant à aucune stimulation. Le danger écarté, il reprend son vol.

L'amour tranquille
Même l'amour ne fait pas bouger le phasme ! Grâce à la parthénogenèse, la femelle peut se reproduire sans s'accoupler. Les phasmes passent l'essentiel de leur temps immobiles, invisibles sur le support qu'ils imitent : brindilles, feuilles, voire lichens.

Repos en cellule (double-page suivante)
Les nids collectifs des guêpes moyennes sont dissimulés dans des cachettes obscures, au creux d'un arbre ou sous un toit. Ils peuvent contenir des milliers de cellules individuelles. Chaque guêpe possède sa propre cellule. Pour dormir, elle y pénètre tête en avant. Ses congénères peuvent alors utiliser son abdomen pour décoller du nid.

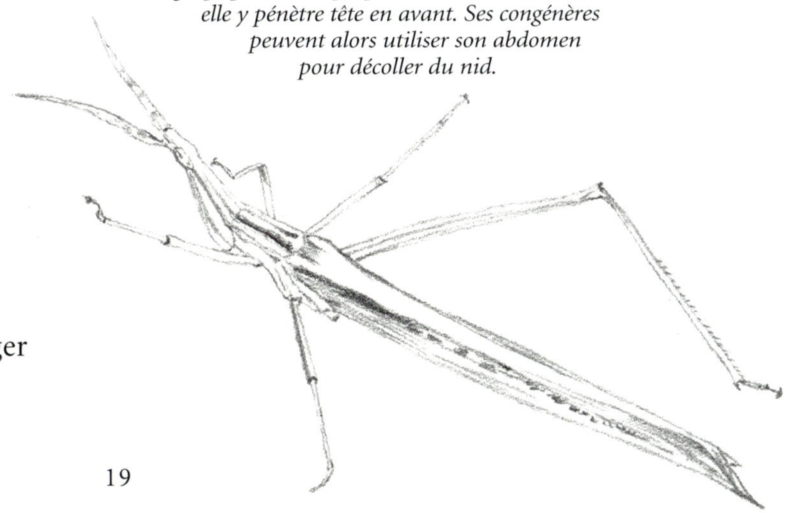

Mais c'est par d'autres stratégies plus radicales que les insectes se protègent le mieux. Pour échapper aux rigueurs de l'hiver, certains effectuent de grandes migrations. Celle du monarque, ce papillon qui se déplace en nuée pour hiverner au Sud, est connue. Mais le plus souvent, pour survivre, les insectes, larves ou adultes, se mettent en état de « latence », en réduisant au maximum leur métabolisme, sans bouger, sans se nourrir, respirant au ralenti. Les coccinelles hibernent ainsi, en groupes, sous un pot de fleurs, ou une vieille caisse. D'autres coléoptères s'enfoncent dans la terre, à quelques centimètres de profondeur, pour passer l'hiver, immobiles, avant de renaître au printemps comme la Belle au bois dormant. De même, sous les climats tropicaux, au plus fort de la sécheresse, les insectes estivent, et lors de la saison des pluies, ils entrent en « imbrignation ». Des phases de dormance – les entomologistes utilisent également le terme de quiescence – peuvent également être produites par le surpeuplement, ou encore l'exiguïté de l'habitat. Confrontés à un excès de gaz carbonique, certains charançons entrent en quiescence, se protégeant ainsi d'une probable intoxication. Quelle belle aptitude que de pouvoir ainsi vivre en pointillé, ne profitant que des jours les meilleurs !

Agapes nocturnes
La chenille de noctuelle (ci-dessus) est nocturne. Cette vorace passe la journée à l'abri sous terre, au repos, totalement immobile. À la nuit tombée, elle s'étire et attaque sans relâche la verdure (ici, il s'agit de feuilles d'iris). Prédatrice redoutable, tout au long de sa croissance et jusqu'à sa métamorphose en papillon, elle dévore des kilos d'herbes et de feuilles.

Patienter en diapause

La tactique de survie la plus remarquable reste toutefois la diapause. Cette adaptation spécifique aux insectes, qui se manifeste par un arrêt du développement, est déclenchée ou stoppée par des sécrétions hormonales, avant même que les conditions ne soient dégradées ou améliorées. Le doryphore, redoutable mangeur de pommes de terre, passe l'hiver en diapause dans le sol. Il se réveille dès que la température de la terre atteint 7° C, puis remonte à la surface par étapes, afin d'émerger lorsque le printemps est déjà là. Par contre, c'est l'allongement de la durée du jour qui rompt la diapause des carabes adultes, coléoptères aux grandes antennes. Il se produit alors une libération d'hormones et une stimulation des cellules nerveuses qui provoquent le réveil de l'insecte. Les plantes parasitées peuvent aussi être d'efficaces indicateurs. Ainsi, les coléoptères phytophages sont-ils informés que l'automne approche en mangeant des feuilles, car avant de tomber, celles-ci se chargent en caroténoïdes (pigments colorés).

Un affût méditatif
L'affût le plus spectaculaire est peut-être celui de la mante religieuse, postée, pattes repliées, en position de prière. En fait de méditation, la mante est toute prête à détendre ses pattes, dites ravisseuses (dessin ci-dessus et photo page de gauche).

Toutes antennes couchées
Vigilantes en phase d'activité, les antennes sensorielles se relâchent lorsque l'insecte est au repos. Un papillon de nuit va même jusqu'à les replier sous ses ailes. Ci-dessus, de gauche à droite : sphinx du liseron, atlas, hanneton, fourmilion et nonne.

En diapause, l'insecte enterré réduit fortement son métabolisme : une larve de coléoptère en diapause respire cinq fois moins que la larve éveillée. Ainsi, lorsqu'elle est en diapause, la galéruque adulte, une espèce de coléoptère noir et brillant, commun dans les prairies, ne respire qu'une fois par heure !

L'un des avantages de la diapause est de synchroniser le développement de l'insecte avec celui de la plante – ou de l'animal – qu'il parasite. De minuscules larves entrent ainsi en diapause, directement dans les nymphes de coccinelles où elles ont été pondues, jusqu'au réveil de leur hôte. Une équipe de chercheurs de l'Inra (Institut national de la recherche agronomique) d'Orléans a particulièrement étudié la dormance de la petite mouche parasite du mélèze. D'une année sur l'autre, selon l'abondance des cônes de mélèze dont elles se nourrissent, les mouches entrent ou non en dormance. Moins il y a de cônes, plus nombreuses seront les mouches à observer une dormance (et réciproquement). Les mouches en dormance attendent l'année suivante pour faire surface et se reproduire.

Plus perfectionnée encore, la diapause du charançon de la châtaigne a été étudiée par les agronomes, soucieux de lutter contre ce parasite. Celui-ci peut adopter des diapauses de longueur variable,

dites diapauses prolongées. La femelle installe chaque œuf dans une jeune châtaigne. Après éclosion, la larve mange le fruit de l'intérieur. À l'automne, repue, elle abandonne son hôte pour s'enfoncer dans la terre et entrer en diapause. Une partie des larves sort de diapause quelques semaines plus tard pour une période intermédiaire d'hibernation. Elles reprennent dès le printemps leur développement et, en quelques semaines, deviennent adultes. D'autres larves poursuivent

Tous ensemble!
Les chenilles des piérides du chou se mettent en rang d'oignon pour grignoter une feuille jusqu'à sa disparition. Manger ainsi leur permet de ne pas tomber de leur feuille. Ainsi, solidaires, les chenilles se reposent toujours toutes ensemble sur un support commun, puis s'activent, de même, en groupe.

une diapause prolongée, qui peut durer une, deux ou trois années. Les larves sortent de diapause et deviennent adultes selon le même pourcentage: 60 % après un an, 35 % après deux ans, le reste un an après. Ces réveils étalés permettent aux charançons de préserver un certain effectif. Les adultes éliminés par une année de famine, d'autres prennent la relève l'année suivante.

Cette diapause prolongée existe chez de nombreux insectes nuisibles pour les cultures, particulièrement chez la terrible chenille processionnaire du pin, chez le doryphore, ou encore chez la mouche de la cerise. De récents travaux révèlent que l'évolution a favorisé ce type de diapause complexe, pouvant alterner diapause simple ou diapause prolongée. Celle-ci permet la survie d'espèces dans un environnement irrégulier. Selon les calculs de probabilités effectués par Frédéric Menu et Domatien Debouzie, de l'université Claude-Bernard Lyon 1, un insecte ne présentant qu'un type de stratégie – diapause simple ou diapause prolongée – serait voué à l'extinction en moins de 200 ans. Quoi qu'il en soit, durant ce temps en suspens, l'animal consomme peu à peu ses réserves internes, en lipides et en sucre. À la sortie de la diapause, comme en fin d'hibernation, il a perdu du poids et doit se reconstituer.

Sortir la tête de l'eau
Le dytique vit dans l'eau. Le voici à l'affût. À la différence des autres coléoptères aquatiques, qui sont des charognards, lui est un prédateur. Il doit remonter régulièrement à la surface pour respirer et se reposer (photo page de droite).

Le réveil des mouches

Si les chercheurs qui étudient le sommeil mènent le plus souvent leurs expériences sur les souris et le chat, certains insectes leur sont

ÉPHÉMÈRES, UNE VIE SANS SOMMEIL

Les éphémères, lointains cousins des libellules, sont les plus primitifs de tous les insectes ailés. La plupart d'entre eux ne vivent pas plus de quelques heures à l'âge adulte. Des essaims de femelles apparaissent, en été, à la tombée de la nuit. Les adultes vivent en vol. Sans manger, sans se poser, ou à peine, s'accouplant même tout en volant. Les femelles fécondées regagnent l'eau pour y déposer leurs œufs, avant de sombrer dans un sommeil éternel. Les larves pour leur part affichent une belle longévité, effectuant durant une vingtaine de mois les multiples métamorphoses – jusqu'à 27 ! – qui les amèneront au stade adulte. Toutefois, leur vie de larves aquatiques est souvent tout aussi éphémère que celle de leurs parents car elles font le régal de nombreux poissons.

Le repos du condamné
La patience de la tique (ci-dessous) est infinie. Elle peut attendre sa proie des heures, des mois… et même des années (18 ans en laboratoire !). Seul un stimulus très précis permet à cette vie en latence de reprendre son cours : l'odeur de l'acide butyrique émise par les glandes sébacées des mammifères. En moins d'une seconde, voici alors la tique sur sa proie, enfonçant son rostre dans la chair, aspirant le sang et triplant de volume. C'est le festin du condamné. Repue, la goulue tombe, pond et meurt.

également précieux. Les scientifiques ont tout d'abord accrédité la thèse d'un repos cyclique chez l'insecte. Irène Tobler, professeur de biologie à l'université de Zurich, a privé de repos des blattes et des scorpions. Le jour suivant, en compensation, ceux-ci dormaient plus longtemps qu'à l'accoutumée. Une équipe allemande a effectué des observations similaires sur l'abeille. D'autres études furent menées sur la drosophile, célèbre mouche à vinaigre, qui présente des phases de repos cyclique répondant à une horloge interne circadienne (presque un jour). Les généticiens ont pu isoler chez cet insecte le gène dit « période », responsable du fonctionnement de l'horloge interne située dans les yeux. Ainsi, chez une mouche privée d'yeux, l'horloge interne se dérègle-t-elle, perturbant le rythme activité/repos. Toutefois, un rythme se remet peu à peu en place, car la mouche est équipée d'horloges de secours, au niveau des pattes et des ailes.

Finalement, même si les insectes ne dorment que d'un œil, ils bénéficient d'un repos élaboré intégrant un judicieux système de survie. Diapauses et dormances se substituent les unes aux autres, selon un jeu complexe. Quant au simple rythme quotidien, il est tout naturellement réglé sur la course du soleil.

Une horloge dans l'œil
Munis de plusieurs centaines de facettes photosensibles, les yeux de la mouche captent non seulement tous les mouvements alentour, mais également les changements de luminosité. Ainsi, l'insecte, informé de l'alternance du jour et de la nuit, peut-il régler ses phases d'activité et de repos. La mouche peut également compter sur les « yeux » dont sont équipées ses pattes. De gauche à droite : mouche domestique, petit taon aveuglant, taon du bétail, taon commun, mouche butineuse.

2

Comment dorment escargot, carpe et caïman

PLUS ÉVOLUÉS QUE LES INSECTES, les animaux à sang froid constituent une grande famille englobant aussi bien les mollusques que les poissons, les batraciens que les reptiles. Ectothermes, ceux-ci sont incapables de maintenir leur température interne constante, et doivent se réchauffer au soleil. Avec eux, nous découvrons un sommeil qui reste sommaire et comportemental, maillon dans l'évolution entre celui des insectes et celui des oiseaux, que nous étudierons au prochain chapitre.

Le plus primitif des animaux à sang froid, l'escargot, est le roi du cocooning. Recroquevillé au fond de sa coquille, rideau tiré, il dort, estive ou hiberne en paix. C'est bien le seul, avec ses cousins les coquillages, et bien entendu les tortues (photo page de gauche), à porter ainsi son lit sur le dos. Les poissons, quant à eux, dorment dans l'eau, sans pour autant se noyer. La couleuvre se love dans un recoin tranquille. D'autres, immobiles, changent de couleur pour se fondre dans le paysage. Les reptiles passent de longues heures à prendre le soleil. Afin de tromper l'ennemi, la vipère sait même simuler la mort. Mais si elle garde les yeux grands ouverts en dormant, ce n'est pas par ruse, c'est parce qu'elle n'a pas de paupières, à l'instar des poissons. Enfin, nous le verrons, lorsque le crapaud sort de sa longue léthargie hivernale, il ne se transforme pas du tout en prince charmant…

Cinq ans dans une coquille

Le placide escargot, symbole de lenteur, appartient au groupe très primitif des mollusques, qui compte près de 100 000 espèces déjà différenciées il y a plus de 500 millions d'années !

Dormir au fond de l'eau
Au repos, les poissons plats se fondent dans le sable (ci-dessous), laissant parfois apparaître un œil sentinelle. Certains poissons d'eau douce se posent au fond de l'eau pour somnoler, comme s'ils étaient morts. La carpe (dessin ci-dessus) hiverne sous la vase. La tortue marine dort aussi dans l'eau (page de gauche).

C'est au coucher du soleil, ou lorsque la pluie tombe, que l'escargot sort de sa coquille et de sa léthargie (photos ci-contre). Le repli dans une coquille est-il le signe du sommeil? La peau des escargots est si fine que pour boire, il leur suffit de tremper leur pied dans l'eau. En contrepartie, elle est si fragile qu'elle ne peut résister aux assauts des rayons du soleil. Aussi est-ce d'abord pour éviter de se dessécher que l'escargot rentre dans sa coquille. Si l'accès de chaleur perdure, il ferme sa porte avec une pellicule de mucus (bave qu'il sécrète par la bouche), jusqu'à la venue de la rosée ou la prochaine pluie. L'escargot du désert, qui bat tous les records d'estivation, peut ainsi survivre, sans boire ni manger, cinq années durant! En hiver, l'escargot se retire de la même manière pour hiberner.

Des chercheurs de l'Inra à Rennes ont mis au point des techniques d'élevage de *Helix aspersa* (ou petit gris, page de droite, en bas), un escargot originaire du Maghreb. D'après leurs observations, l'hibernation n'est pas vitale pour l'escargot. En revanche, le cycle journalier (actif de nuit, passif de jour) lui est indispensable. Par ailleurs, l'escargot peut sembler être au repos, sans véritablement se relâcher: son pied n'est pas totalement recroquevillé au fond de son habitacle et les mouvements de sa coquille restent perceptibles.

Les poissons dorment aussi

Difficile d'imaginer ce que les paisibles lagons bleus abritent de sauvagerie. Une vraie jungle sous-marine! Lorsque le soleil tropical plonge d'un coup dans la mer en embrasant brusquement la surface de l'eau, en profondeur, c'est l'agitation. Une dizaine de minutes avant qu'il ne sombre, les poissons crépusculaires s'activent avec frénésie, dévorant crustacés et coquillages, certains se faisant croquer à leur tour par de plus gros spécimens, qui eux-mêmes… Puis, comme par miracle, en quelques secondes, tous disparaissent, se posant sur le sable ou s'enfonçant dans les anfractuosités des coraux. Alors, l'eau semble inhabitée. Juste le temps pour la nuit de tomber. Soudain, apparaissent les poissons nocturnes (voir photo p. 43). Et la chasse recommence, sans merci.

Troisième œil

Les chronobiologistes, spécialistes de l'étude des rythmes naturels de repos et d'activité, sont particulièrement intéressés par le poisson et son « troisième œil » surdimensionné. Cette fameuse glande pinéale sécrète la mélatonine. Siège de l'horloge interne, elle informe les autres organes des périodes d'activité ou de repos. Les animaux diurnes sont stimulés en fin de nuit, pour préparer l'organisme au réveil. À l'inverse, à la tombée du jour, l'horloge interne déclenche un ralentissement du métabolisme : les rythmes cardiaque et respiratoire diminuent, l'organisme se prépare au repos. Pour les animaux nocturnes, bien entendu, l'horloge est inversée. Très développée chez les poissons, et parfois même visible en transparence sous la peau, au sommet du crâne, cette glande est facile à prélever et étudier.

Au laboratoire d'éthologie et de neurobiologie de l'université Louis-Pasteur, à Strasbourg, Michel Anthouard a choisi le simple poisson rouge, archétype du poisson, pour étudier les rythmes biologiques. Dans les années 1970, il a mis au point un système d'auto-alimentation (*self-fooding*). En actionnant une tige métallique du bout de son nez le poisson obtient de la nourriture. Il suffit d'enregistrer le nombre d'impacts sur la tige pour tracer sa courbe d'activité. Michel Anthouard a également travaillé sur le bar, mettant en évidence une corrélation, désormais bien connue, entre l'élévation de la température de l'eau et l'activité des poissons. Si la température descend en dessous de 20 °C, le silure, par exemple, se nourrit moins, et puis plus du tout, dès 12 °C. Lorsque la température remonte audessus de 15 °C, il se remet à manger.

Léthargie de saison
L'escargot estive en ralentissant ses fonctions métaboliques, moins toutefois que lorsqu'il hiberne. En hiver, protégé par un rideau hermétique, opaque et épais, il se met hors circuit. Sa respiration devient cent fois plus lente qu'en été. Photo ci-dessus : les petits gris estivent sous le soleil. Photos ci-contre et page de gauche : escargot de Bourgogne sortant de sa coquille, à la tombée du jour.

Le lit des poissons
Pour se reposer, les poissons s'enfoncent sous la vase, se dissimulent dans les algues (en haut), se glissent entre les galets (en bas). D'autres, sans se cacher, se posent sur le fond de l'eau, telle la murène venimeuse.

On observe alors une suralimentation (*overshoot*) : le poisson se nourrit avec avidité pour compenser son abstinence. Chaque poisson, selon son espèce, entre en léthargie à une certaine température. Si les poissons des mers froides se protègent avec leur graisse, harengs et éperlans produisant des protéines antigel, d'autres hibernent, comme la carpe, qui se dissimule sous la vase et réduit son métabolisme. Enfin, pour résister à la canicule, quelques espèces tropicales estivent.

Le baiser du crapaud ne réveille pas les princesses

Les amphibiens furent les premiers vertébrés à sortir de l'eau pour s'installer sur la Terre, il y a environ 350 millions d'années. Parmi eux, la belle salamandre (dessin p. 39, en haut) affiche sa toxicité avec ses couleurs – noir tacheté d'orange, voire turquoise taché de jaune. Timides, les salamandres sont nocturnes. De jour, elles somnolent en fermant leurs paupières.

UN SAC DE COUCHAGE

Certains poissons s'assoupissent, à l'abri des pierres, sous la vase, ou s'enfoncent dans la terre pour se cacher. Le poisson-perroquet, quant à lui, se confectionne chaque soir un nouveau sac de couchage, grâce à une substance qu'il sécrète et qui se solidifie… à l'eau. Protégé dans cette bulle sur mesure, il peut s'assoupir, à l'abri des prédateurs plus que du froid.

Pour la majorité des espèces, l'accouplement a lieu dans l'eau et les larves sont aquatiques. En cas de sécheresse, certains œufs peuvent rester en latence une année durant, attendant de meilleures conditions pour éclore le printemps suivant.

Durant la saison froide, comme la majorité des amphibiens, le crapaud hiberne. Caché et inerte, tapi sous la terre ou sous un amas de feuilles, il s'accorde six mois de torpeur. Toutefois, sa vigilance n'est pas totalement endormie et il reste facile à réveiller. Aux abords du printemps, le mâle se transforme : ses testicules se gorgent de semence et ses pattes se munissent de bourrelets dits copulateurs qui lui permettront d'agripper sa partenaire. Si bien que lors de son réveil, l'instinct reproducteur l'habite. Et ce timide s'encanaille. Insensible à son estomac vide, il n'avalera pas le moindre puceron avant d'avoir trouvé une compagne. Durant la copulation, point de repos (photo p. 46), mâle et femelle restent vigilants nuit et jour pour une longue copulation. Le crapaud n'est pas le prince charmant des contes de fées. Parfois, son étreinte est si forte qu'il perfore le ventre de la femelle !

En dehors de leurs ébats amoureux, crapauds et grenouilles ont des activités nocturnes. Les jeunes sont sensiblement plus diurnes que les adultes, et les femelles sensiblement plus vagabondes que les mâles, qui changent rarement de cachette. Enfin, le crapaud ne se contente pas de sa livrée de camouflage, il s'immobilise de manière spectaculaire, en cas de danger. Il garde sa posture, même inconfortable, des heures durant, pour tromper l'ennemi. En dépit de toutes ces stratégies et manifestations léthargiques, les scientifiques continuent à douter d'un véritable sommeil chez les batraciens. Ce n'est qu'à partir des poissons, et surtout des reptiles, que l'encéphalogramme permet de mettre en évidence des états de sommeil.

Pas de nuit pour les serpents

Méfions-nous du serpent qui dort. Même immobiles, même de nuit, les serpents peuvent nous surprendre. Contemporains de leurs proches cousins les dinosaures, les reptiles – tortues, lézards, crocodiles et serpents –, apparus il y a 250 millions d'années, sont les survivants de la préhistoire. Les serpents seraient issus d'un ancêtre lézard qui aurait perdu ses pattes. Un succès, puisque la famille des

Dormir en banc (double-page précédente)
Les poissons pélagiques, c'est-à-dire qui vivent en pleine eau, sans cachettes, restent dangereusement à découvert. Pour se défendre, ils se regroupent en bancs. Au repos, le banc s'immobilise, chacun stabilisant sa position de quelques discrets coups de nageoires.

L'indispensable vessie
C'est le système automatique de leur vessie natatoire qui permet aux poissons de cesser de nager. Pour gonfler cette vessie, le poisson avale de l'air à la surface, juste assez pour atteindre la profondeur qui lui convient et s'y stabiliser. Pour abaisser sa position, il lui suffira de dégazer en faisant des bulles. Sans ce système, les poissons assoupis se mettraient à tourner comme des toupies folles !

LES GRENOUILLES ANTIGEL

Certains batraciens présentent une aptitude surprenante à survivre au gel, et particulièrement les rainettes des forêts canadiennes. Par quel miracle ? Bill Schmidt, de l'université du Minnesota, leva le voile, il y a une vingtaine d'années, surpris par ces grenouilles raides et dures comme des pierres. Lorsque la température tombe au-dessous de zéro, les grenouilles *Rana sylvatica* synthétisent du glucose, antigel naturel. Celui-ci empêche la formation des gros cristaux de glace, qui déchirent habituellement les tissus, entraînant aussitôt la mort de l'animal. Les tissus intercellulaires sont lentement pris par la glace et les organes internes épargnés. Reste à savoir si durant cette congélation, qui peut durer jusqu'à treize jours, un très faible métabolisme persiste Sinon, le dégel serait une résurrection !

serpents compte 2600 espèces – contre 260 de tortues et 20 de crocodiles. Celles-ci se sont adaptées à tous les climats, de l'équateur au cercle polaire. L'immobilité est la principale stratégie vitale du serpent. Boas, vipères et serpents arboricoles chassent à l'affût.

Difficile, chez le serpent figé, de distinguer vigilance et repos, affût, digestion ou simple besoin de chaleur. Tout d'abord, parce qu'il ne possède pas de paupières, et donc ne ferme jamais les yeux. Il semblerait que les fonctions se superposent et que le serpent s'assoupisse en pointillé. D'ailleurs, éveillé ou endormi, le serpent est informé par son organe vomeronasal de la composition des molécules ambiantes. Ses fossettes thermoréceptrices mesurent les variations de température. Tous ces récepteurs, activés en permanence, peuvent faire sortir un serpent de sa torpeur, même en pleine nuit, en quelques dixièmes de seconde, à l'approche d'un intrus ou d'une proie potentielle.

À la différence d'autres reptiles, le serpent n'est pas inféodé au rythme diurne-nocturne. Il adopte des mœurs diurnes, nocturnes ou crépusculaires, selon les saisons, afin de profiter au mieux des rayons du soleil. C'est le cas de la vipère à corne du Sahara (p. 51).

Sommeil éternel ?
Pour se dissimuler des proies mais également des prédateurs, le serpent compte sur ses écailles, qui imitent à merveille son environnement. La vipère prend une couleur sable dans le désert (page de droite, au centre) et le beau mamba vert se fond dans la verdure de sa jungle natale. Il arrive que devant le danger, des couleuvres feignent mieux encore que le sommeil : la mort (ci-dessus). Immobiles, bouche ouverte et langue pendante, expulsant de leurs glandes anales des gaz putrides, elles simulent sans vergogne.

Afin de maintenir sa température moyenne optimale de 35 °C, elle est diurne en mi-saison, nocturne en été. Mais enfouie sous le sable brûlant du jour, la tête affleurant, même au repos elle reste à l'affût.

Les reptiles opèrent une savante gestion météorologique. Lorsque la vipère aspic sort de sa cachette nocturne, elle se love, pour capter au mieux les rayons solaires, sur une souche isolée, en plein soleil. En une heure de sieste matinale, elle atteint la température qui lui permet de s'activer : 28 °C. Ses batteries rechargées, elle peut alors saisir un batracien ou un petit mammifère, puis digérer sa proie (photo page de droite, en haute). Mais sans chaleur, point de digestion. Si le soleil se cache trop longtemps, la vipère régurgite sa proie afin d'évi-

Qui dort dîne
Les serpents peuvent ingurgiter des proies deux fois plus volumineuses que leur propre diamètre. Ils doivent ensuite se reposer des semaines pour la digérer. La vipère cornue (ci-dessous) passe la journée camouflée dans le sable.

ter que celle-ci pourrisse dans ses entrailles. En dessous de 10 °C, la vipère, ne pouvant plus se nourrir, n'a d'autres ressources que d'hiberner. Dans les pays tempérés, presque tous les serpents sont contraints à une hibernation de deux ou trois mois. Ceux des zones boréales ou montagneuses hibernent jusqu'à huit mois d'affilée, regroupés en vastes colonies pour mieux se protéger du froid (p. 52).

Bâiller comme une tortue

De la populaire tortue de Floride, hélas transformée en animal de compagnie, à la très protégée tortue luth, en voie de disparition, la petite famille des tortues bénéficie d'une sympathie que n'ont pas les serpents. Bernard Devaux a fondé dans le massif méditerranéen des Maures le Village des tortues de Gonfaron, voué à la protection et la réintroduction des tortues d'Hermann (p. 52). Solitaire, obstinée et indépendante, la tortue est un reptile pacifique. Elle aime la liberté, prête à contourner toutes les barrières pour s'échapper d'un enclos. Mais sans entraves, elle se laisse aller à un semblant de méditation paisible. La tortue d'Hermann est diurne et passe des heures à se réchauffer au soleil. Le soir, elle regagne lentement son abri, pour s'immobiliser, pattes étalées, tête tombante, fermant peu à peu ses (trois !) paupières. Chaque matin, au réveil, elle bâille, étire son cou et ses pattes, pousse de grands soupirs. Certains observateurs affirment que les tortues rêvent. Ne sursautent-elles pas sans raison durant leur sommeil ? Bernard Devaux précise que de brefs mouvements des yeux sont parfois perceptibles sous les paupières des tortues endormies. Est-ce le signe d'un sommeil paradoxal ? Le débat reste ouvert.

Lever de paupières (double-page précédente)
La gracieuse rainette aux yeux rouges d'Amérique du Sud marie avec élégance le vert jungle pour se dissimuler et le rouge poison pour impressionner ses prédateurs. Lorsqu'elle s'assoupit, ses paupières s'élèvent peu à peu.

L'HIBERNATION COLLECTIVE DU SERPENT JARRETIÈRE

Les serpents choisissent souvent d'hiberner en groupes pour mieux se protéger. Le record revient aux serpents-jarretières du Canada : 10 000 hibernants dans le même trou ! Ces regroupements permettent de limiter les déperditions de chaleur et de se protéger de la déshydratation. Même en hibernant en masse, le serpent-jarretière n'est pas à l'abri d'un froid trop vif et, chaque année, 10 à 40 % de la colonie ne survivent pas à l'hiver. Au printemps, dès 8 °C, les mâles s'éveillent pleins de frénésie reproductrice. Ils doivent pourtant patienter. Les femelles, plus sensibles au froid, s'éveillent deux à trois semaines après eux !

L'hibernation des tortues est un mécanisme de sauvegarde, lorsque les conditions climatiques deviennent défavorables (en dessous de 10 à 12 °C pour la tortue d'Hermann).

La tortue passe l'hiver à l'abri de sa carapace, enfouie sous un amas de feuilles ou sous la terre, réduisant son métabolisme (photo ci-dessus). Lorsqu'elles hibernent, certaines tortues d'eau déconnectent même totalement leurs poumons, les échanges gazeux ayant lieu alors par la peau et... le cloaque. Une équipe de l'université d'Ottawa a étudié une tortue d'eau qui survit à la congélation, de même que certaines grenouilles rainettes américaines. Prise dans les glaces, soumise à des températures voisines de - 7 °C, elle se raidit de froid, puis dégèle au printemps, avant de reprendre la route (voir encadré p. 46). Contrairement aux mammifères hivernants, batraciens ou reptiles perdent peu de poids durant leur léthargie hivernale.

Le rêve du caïman

Les crocodiles passent des heures immobiles, les yeux au ras de l'eau. Aussi inertes que des souches de bois, ils ne dorment pourtant pas. À l'approche d'une antilope venue se désaltérer, ils sau-

tent dessus avec une rapidité stupéfiante. Les recherches de laboratoire sur les crocodiliens sont rares. D'abord, parce que tous les reptiles souffrent de la captivité, et que celle-ci modifie leurs comportements ; ensuite, parce qu'ils sont protégés par la loi. La curiosité des spécialistes du sommeil est pourtant aiguisée par ces animaux, ancêtres des oiseaux, qui occupent une position charnière dans l'évolution. Les scientifiques s'accordent à penser que le véritable sommeil cérébral apparaît dans l'évolution avec les reptiles, même s'il n'est pas encore entrecoupé de phases de sommeil paradoxal.

Quoi qu'il en soit, comme les insectes, les mollusques, poissons, amphibiens et reptiles ont besoin de repos. Lorsqu'ils en sont privés, ils allongent d'autant leur sommeil ultérieur. Bien que primaire, leur sommeil reste avant tout comportemental : il s'accompagne surtout d'un net ralentissement des rythmes cardiaque et respiratoire.

Finalement, tous les animaux à sang froid alternent des périodes d'activité et de repos, de réveils et d'hibernation, en fonction, d'une part, de leur horloge interne circadienne, et des conditions climatiques, d'autre part.

Dormir la bouche ouverte
Si les crocodiles gardent la bouche grande ouverte au repos, ce n'est pas dans l'attente d'une proie : cette attitude leur assure une ventilation interne. Lorsque la température extérieure devient trop élevée, les alligators du Mississippi ou les célèbres crocodiles du Nil connaissent des périodes de vraie léthargie. Cette estivation s'accompagne, comme une hibernation, d'un net ralentissement du métabolisme.
Page de gauche : tortue d'Hermann sous la neige.

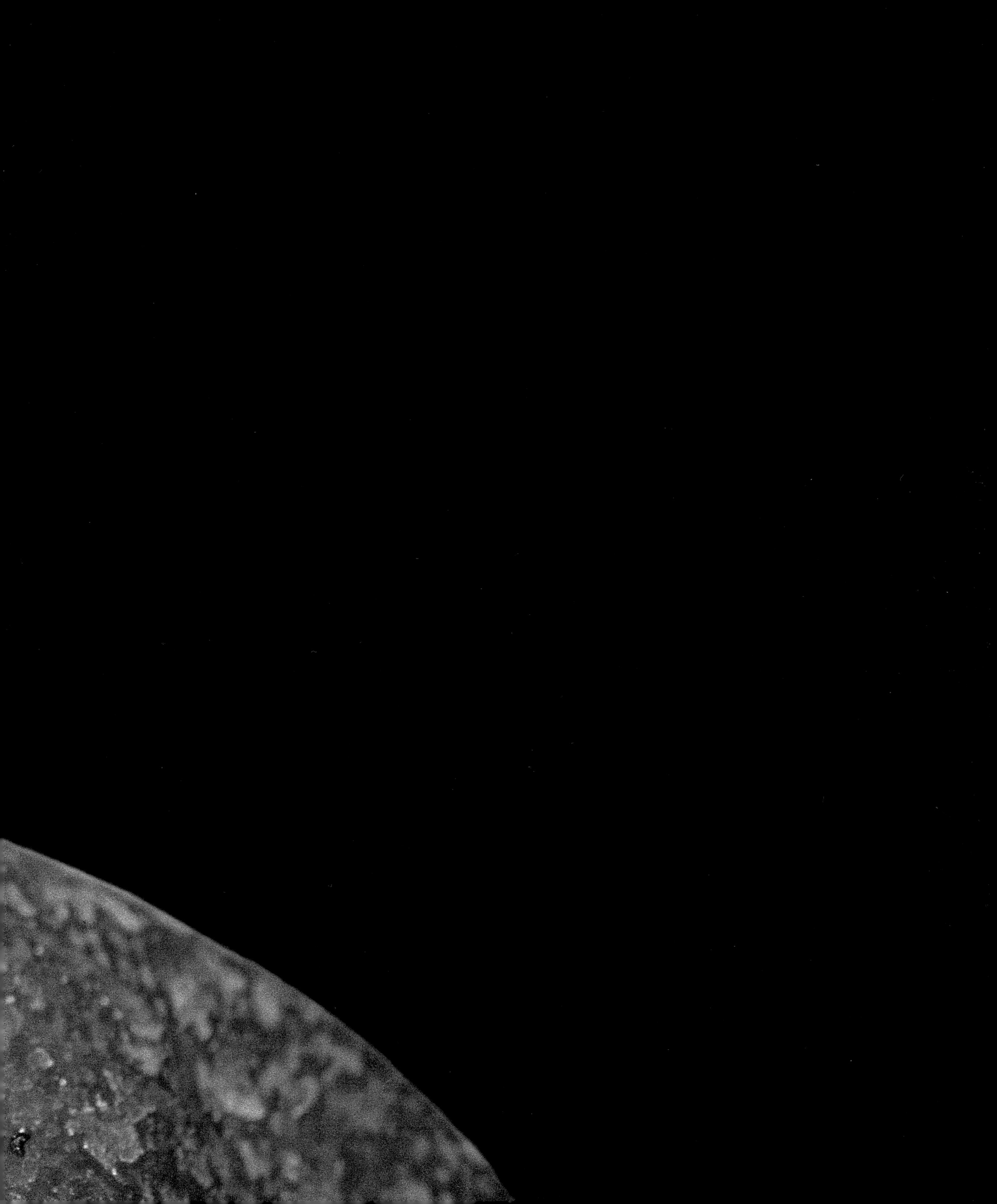

3

Lorsque se couchent les oiseaux

Le rossignol enchante la nuit, s'égosillant pour charmer sa belle. Pendant ce temps, les poules sommeillent, agrippées à leur perchoir comme des acrobates, du moins jusqu'au chant du coq. Les flamants roses, le cou contorsionné, tête abandonnée sur le dos, s'assoupissent en plein jour. Les canards dorment sur l'eau, flottant comme de petits bouchons, et le manchot, droit comme un I sur la glace, résiste au sommeil en couvant son œuf. Voici bien le repos des oiseaux, aussi varié que leurs nids ou que les couleurs de leurs plumages. Mais qu'ils dorment debout, assis ou couché, le bec sous l'aile ou allongés à terre, diurnes ou nocturnes, les oiseaux, symboles de vivacité et de vigilance, sommeillent en pointillé et semblent aussi besogneux et agités que les insectes. Ils passent des jours entiers à confectionner des nids, puis des heures à voler à la recherche de nourriture pour leurs petits. Certains minuscules colibris actionnent leurs ailes au rythme stupéfiant de 100 battements par seconde et de grands migrateurs, telle la sterne arctique, effectuent chaque année un voyage de 20 000 km, pour relier le pôle Nord au pôle Sud.

Le sommeil de ces oiseaux affairés est pourtant plus évolué que celui des reptiles aux allures lymphatiques. Les oiseaux dorment, en effet, d'un vrai sommeil, entrecoupé de ces périodes dites paradoxales, avec ondes cérébrales courtes signalant une intense activité du cerveau et correspondant à la grande majorité des rêves. Dans l'évolution, le « véritable sommeil » s'est développé parallèlement chez les oiseaux et chez les mammifères. Il se manifeste exclusivement chez les animaux homéothermes, c'est-à-dire à sang chaud, capables de réguler leur température interne. Une simple coïncidence, semble-t-il. Il nous reste à imaginer les petits rêves du moineau, peuplés de chenilles appétissantes…

L'hiver au chaud
Le groupe des oiseaux englobe tous les animaux à plumes, et compte 9 000 espèces. À eux seuls, les passereaux, petits oiseaux familiers (moineaux, hirondelles ou mésanges), représentent la moitié d'entre elles. Mais les plus spectaculaires restent les oiseaux exotiques, miniatures ou géants, qui rivalisent de couleurs. Quant aux migrateurs, tels les flamants roses (dessin ci-dessus, photo à gauche), ils font de longues traversées pour hiverner dans des contrées clémentes.

Le colvert qui dormait d'un œil
Charles Amlaner et son équipe de l'université d'Indiana ont montré que le canard colvert (ci-dessous) présente un sommeil lent unihémisphérique. En sécurité, il dort sans retenue des deux hémisphères. Quand le danger menace, il dort alternativement, d'un demi-cerveau puis de l'autre. En bandes, les oiseaux situés à la frange du groupe adoptent cette forme de sommeil, alors que les autres dorment « sur leurs deux oreilles ». Les canards sentinelles sont vigilants ; en cas d'alerte, ils peuvent s'envoler en 0,165 seconde ! En revanche, ce bébé mésange (photo ci-dessus) semble dormir profondément.

Des oiseaux au paradis

Comme les poissons, les oiseaux rivalisent de formes et de couleurs (voir perroquet page de droite). Quelle diversité, en effet, entre le colibri de 2 g, et cette grosse autruche balourde qui peut atteindre 150 kg ! Les volatiles à plumes descendraient d'un petit dinosaure qui, en guise de pattes antérieures, développa des ailes, précieux outil leur donnant un avantage sur tous les terriens. C'était il y a plus de 100 millions d'années. Depuis, les oiseaux sont les rois du ciel.

Loin de nos villes surpeuplées de pigeons, le parc du Djoudj, dans le delta du fleuve Sénégal, prend des allures de paradis. Il abrite 3 millions d'oiseaux de 360 espèces locales ou migratrices. Dès l'aube, leurs chants résonnent dans la savane. Tous s'activent, à l'exception des oiseaux nocturnes. Les insectivores se nourrissent en volant, les oiseaux pêcheurs traquent le poisson, les granivores picorent dans les grandes herbes. Le spectacle est inoubliable de l'envol des colonies de flamants roses ou de chevaliers combattants. Sur l'île, nichent des milliers de couples de pélicans blancs. Les sarcelles glissent sur l'eau, une bande de passereaux s'abat sur un tamaris, un vol de cormorans zèbre l'horizon. Le long du marigot, un héron goliath repu se gargarise avant de lancer une série d'aboiements rauques. Puis il cale une patte sous son ventre,

UN RÉVEIL SUR LES PIEDS !

Lorsqu'il élève son petit, le manchot royal reste vigilant plusieurs mois, ne dormant que quelques minutes par jour. Il couve son œuf en le posant à l'avant de ses pattes, et en le recouvrant du repli adéquat situé sous son abdomen. L'œuf gèlerait en quelques minutes sans cette protection. Durant deux mois, mâle et femelle alternent la couvaison. Comment dorment ces parents modèles ? Debout, la tête rentrée dans le cou, les ailerons plaqués au corps, par phases de quelques minutes. Et comment les réveiller ? Une pression d'un kilo sur leur tête ou leurs épaules ne les fait pas sursauter. En effet, sur la banquise surpeuplée, des congénères tentent en permanence de se frayer un chemin, donnant des coups de bec à droite et à gauche. Le seuil d'excitabilité, à ce niveau du corps, est très élevé. En revanche, au simple frôlement de ses pieds, à proximité de l'œuf qu'il couve, le manchot émerge brusquement de son sommeil.

rétracte le cou et entame une sieste digestive. Un balbuzard pêcheur somnole, perché sur un arbre mort, tête renfrognée dans les épaules. Les nids d'herbes sèches en forme de bourse des moineaux tisserins à sourcils blancs pendent des branches d'acacias. Les hirondelles chassées d'Europe par le froid viennent d'atterrir après une longue traversée. Épuisées, elles dorment, en plein jour, tête sous l'aile, posées sur les roseaux. À la tombée de la nuit, la surface du grand lac se transforme en or, et dans le ciel assombri, les bandes d'oiseaux se croisent. Chacun regagne un abri pour dormir. Une poignée d'oiseaux nocturnes équipés pour le vol de nuit peut alors partir en chasse.

Un vigile sommeille en chaque oiseau

À la fin du XIXe siècle, de nombreux ouvrages sur la vie des oiseaux furent publiés d'après des observations réalisées aux jumelles. Depuis, les outils d'investigation se sont perfectionnés. En laboratoire, les poulets et les pigeons subissent de petites interventions chirurgicales pour l'implantation d'électrodes. Puis, l'on réalise des électroencéphalogrammes (EEG) pour mesurer les variations de l'activité électrique cérébrale entre veille et sommeil. En laboratoire, la difficulté consiste à ne pas trop perturber le sommeil. Dans la nature, les oiseaux sont équipés d'émetteurs qui permettent d'enregistrer les rythmes d'activité quotidiens ou les grandes migrations. Mais il reste difficile de suivre les détails des pérégrinations d'un petit oiseau qui vole dans les nuages à 1 000 m d'altitude ! Vient-il de fermer les yeux ? Dort-il ou non ?

Pour nidifier ou pour dormir, les oiseaux colonisent les arbres, les falaises, les toitures, les lampadaires et les pylônes. Leur sommeil présente la particularité d'être entrecoupé de sursauts de vigilance. Lorsque l'oiseau s'endort, son seuil de réaction aux stimulations est nettement abaissé, son tonus musculaire décroît, sa respiration ralentit et son rythme cardiaque diminue. Des modifications électriques au niveau du cerveau indiquent son sommeil. Dès 1963, Marcel Klein, au sein de l'équipe du neurobiologiste français Michel Jouvet, grand spécialiste du sommeil et des rêves, réalisa des enregistrements révélant l'existence d'un sommeil paradoxal chez le pigeon et chez la poule. Des chercheurs américains, dont Ralph Berger, spécialiste du sommeil des oiseaux, ont

Redescendre sur terre
Si quelques oiseaux, rarissimes, dorment dans les nuages, la plupart ont en commun de redescendre sur terre pour dormir. Le pélican ci-dessus adopte l'une des attitudes de repos spécifiques aux volatiles, œil fermé, bec calé sous l'aile.

Jeûner en dormant
Certains oiseaux, dont l'oie, pratiquent le jeûne, une adaptation qui permet de survivre à des ressources alimentaires fluctuantes. Le jars double sa masse, passant de 4 à 8 kg, en prévision de la famine hivernale. Dans le monde aviaire, c'est le manchot empereur (page de gauche) qui a développé cette aptitude au plus haut point. Durant la couvaison de son œuf, il résiste à 120 jours de jeûne, tout en supportant des conditions climatiques extrêmes (entre - 10 et - 30 °C). Le jeûne et le sommeil assurent la même économie d'énergie. Autre corrélation : en laboratoire, les oiseaux soumis au jeûne augmentent leur temps de sommeil. En 1984, le chercheur français Gérard Dewasme a démontré la correspondance entre la tolérance au jeûne et la durée du sommeil.

étudié d'autres espèces. Tous les oiseaux pour lesquels a été réalisé un EEG (vautour, aigle mexicain, corbeau, chouette, manchot…) présentent une nette différence entre veille (ondes rapides) et sommeil (ondes lentes). Et tous développent durant leur sommeil lent de brefs épisodes de sommeil paradoxal (10 à 20 secondes), qui s'accompagnent de vifs mouvements oculaires et d'ondes cérébrales rapides.

Le sommeil des oiseaux ne présente qu'un faible taux de sommeil paradoxal : de 3 à 6 % (contre 25 % chez leur ennemi le chat, par exemple). En fait, les oiseaux présentent des épisodes de sommeil paradoxal minuscules mais fréquents. Les EEG réalisés sur les oies révèlent jusqu'à 200 épisodes en 24 heures ! En outre, à l'instar des jeunes mammifères, les poussins développent environ cinq fois plus de sommeil paradoxal que leurs parents.

Les oiseaux dorment la nuit (sauf les oiseaux nocturnes, bien entendu) et, de jour, passent de longs moments à se reposer, immobiles, alternant de courtes phases de sommeil avec les yeux fermés et des périodes où, tout en gardant une attitude comportementale de sommeil, ils ouvrent les yeux. Durant ces phases de semi-repos, l'activité électrique du cerveau s'apparente à celle de la veille. Certains biologistes ont baptisé cet état de « sommeil vigile », parce qu'il permettrait à l'oiseau de garder une vigilance périodique tout en poursuivant une certaine forme de sommeil. Ce sommeil « vigilant » disparaît pour laisser place à un sommeil continu, les yeux fermés, lorsque les conditions de sécurité sont assurées. En laboratoire, par exemple, en l'absence de prédateurs, ce sommeil avec les yeux ouverts n'existe pas. Dès 1968, la scientifique russe Ida Karmanova, de l'institut Sechenov (Saint-Pétersbourg), distinguait chez l'oiseau quatre états de vigilance : l'éveil (33 % du temps chez la poule), le sommeil lent (44 %), le sommeil paradoxal (5 %) et le repos diurne (18 %), repos dit cataleptique, avec atonie musculaire. Durant cette dernière phase de repos, l'oiseau reste conscient de son environnement. Ce repos cataleptique est observé uniquement de jour, y compris chez les oiseaux nocturnes. Ida Karmanova décrit d'ailleurs un sommeil vigilant spécifique aux oiseaux nocturnes, comme la chouette, entrecoupé de brefs éveils (5 à 7 secondes), à la fin des phases de sommeil paradoxal.

La mouette endormie
Les oiseaux dorment d'un sommeil entrecoupé de moments de vigilance, aussi brefs que nombreux, souvent d'un seul œil, voire en volant ou en glissant sur l'eau. C'est pourtant chez ces animaux très vigilants qu'est apparu le sommeil paradoxal (parallèlement à son développement chez les mammifères). Mais à quoi rêve cette mouette rieuse, assoupie face à la mer ?

Signes extérieurs de repos (double-page précédente)
Le relâchement musculaire du cou, particulièrement visible chez le cygne, est un bon indicateur du sommeil d'un oiseau. Chez la grue endormie (photo page de gauche), l'atonie du cou se double de cette position dite « pied de grue » dans laquelle l'oiseau dort sur une patte.

Bercées par le son des cloches
Ces élégantes dames blanches arborent un visage en forme de cœur caractéristique de l'espèce – Tyto alba, *ou chouette effraie, ou encore chouette des clochers qu'elles aiment coloniser. Elles passent la journée à somnoler dans leur repaire, cavité d'un arbre, voire poutre d'un clocher. Si elles répugnent à se mettre à la lumière du jour, ne se laissant jamais aller à dormir en plein soleil, le carillonnement des cloches les fait à peine sursauter dans leur sommeil. Les chouettes nichent en couples, fidèles à leur gîte.*

Une branche pour tous (double-page suivante)
Certains oiseaux se regroupent pour dormir afin de se protéger des prédateurs (ils dorment à tour de rôle), afin de se réchauffer, ou encore en prévision de leur future migration.

Complètement dans les nuages !

L'arbalétrier ou martinet noir est un véritable phénomène aérien. Ce passereau aux allures d'hirondelle passe plus de 90 % de sa vie dans les airs. Hormis la ponte, la couvaison de ses œufs et l'élevage de ses petits, il fait tout en volant. Il s'accouple, notamment, dans les airs. Pour rassembler les matériaux nécessaires à la construction de son nid, il attend que le vent soulève brindilles et morceaux de ficelles, qu'il attrape du bout du bec tout en volant. Pour boire, il rase la surface de l'étang. Pour manger, il ouvre une bouche immense et se gave des insectes qui croisent son chemin. Ce petit oiseau aux cris stridents ne pèse guère plus de 40 g, mais possède une énergie stupéfiante. Il migre chaque année, durant huit mois, passant d'un continent à l'autre,

sans se poser une seule fois au sol, ni à l'aller, ni au retour, ni même sur le lieu de son estivation. Le seul endroit au monde où atterrisse le martinet, en glissant comme un avion sur l'eau, est le nid qu'il a confectionné sous les toits pour ses petits. Un nid auquel il reste fidèle toute sa vie. C'est parce que ses pattes très courtes ne lui autorisent aucun repos sur une branche que le martinet est condamné au vol ininterrompu. Ne dort-il donc jamais ? Des générations d'ornithologues en furent persuadées. Aujourd'hui, on sait que le martinet dort en volant. La nuit, il se positionne entre 1 000 et 2 000 m d'altitude, au-dessus d'une nappe d'air chaud, pour entamer un vol de repos, battant des ailes pendant quatre secondes, puis planant en dormant durant les 3 secondes suivantes. Et ainsi de suite, du coucher au lever du soleil. De même, il semble que les pingouins ou les manchots, qui font de longues migrations à la nage, dorment tout en nageant. Leur sommeil serait régulièrement entrecoupé d'éveils pour remonter respirer à la surface.

Dormir sur une patte

Si quelques oiseaux dorment la tête droite, comme la chouette, ou la tête engoncée dans le cou, la majorité calent leur tête, ou du moins leur bec, sous une aile, vraisemblablement pour respirer un air réchauffé par leur plumage. C'est sans doute dans le même souci d'économie d'énergie que de nombreux oiseaux dorment sur une patte, l'autre repliée au chaud dans le plumage du ventre.

Même la tête sous l'aile, les grues endormies (photo p. 68) sont difficiles à surprendre. Toutes se redressent à la moindre alerte, prêtes à s'envoler. De discrètes sentinelles assurent-elles un tour de rôle ? C'est en tout cas cette position de repos qui les a rendues célèbres, depuis l'invention de l'expression « pied de grue ». Dans cette attitude, comment l'oiseau endormi fait-il pour ne pas tomber ? Tout d'abord, son centre de gravité est très bas, situé juste au-dessus de ses pattes. Ensuite, sa patte est équipée, au niveau de l'articulation du genou, d'un os qui fait office de poulie. En position de repos, la patte se plie légèrement et la poulie coince les tendons en fixant le membre.

Vol de nuit
Une silhouette blafarde dans l'obscurité, un cri sinistre dans la nuit… la chouette effraie porte bien son nom. Si elle se dirige avec facilité en l'absence de lumière, et tombe sur sa proie avec précision, c'est grâce à son exceptionnelle acuité auditive, qui lui permet de localiser un petit campagnol tapi dans le jardin, poussant imprudemment de petits cris. La chouette effraie chasse à la tombée de la nuit, se pose sur un perchoir dégagé pour digérer son premier repas, puis se lance dans une nouvelle battue à l'approche du jour. Elle regagne ensuite son gîte caché dans un recoin, pour un long sommeil diurne.

Comme on fait son nid
Le nid est destiné à la reproduction. Les oiseaux tricotent, à coups de bec et de pattes (page de droite), des nids calfeutrés, tapissés de mousse et de duvet, colmatés de boue, voire consolidés de salive. En ville, les pigeons (ci-dessus) ne négligent aucun perchoir ! Les mésanges (ci-dessous) cachent leurs nids au cœur d'un tronc. Ainsi protégées, elles dorment profondément. Les ornithologues les prélèvent sans peine au milieu de la nuit pour les baguer. Les oiseaux secouent régulièrement le duvet de leur nid, pour en déloger les parasites, et ôtent du bout du bec les fientes des oisillons.

Enfin, l'oiseau endormi oscille légèrement à l'horizontale pour assurer son équilibre, selon un réflexe du cervelet, sans que la conscience intervienne. Les petits passereaux s'endorment, pour leur part, en se stabilisant pattes pliées, reposées sur les pieds.

En 1984, le chercheur français Gérard Dewasmes, élève d'Yves Le Maho, grand spécialiste du sommeil des oiseaux, a révélé que l'oie présente, à l'instar des mammifères, une véritable atonie musculaire du cou durant le sommeil paradoxal. Jusqu'alors, les ornithologues avaient signalé une simple baisse du tonus. En fait, l'atonie dépend de la position durant le sommeil. Les poules ou les pigeons, principaux oiseaux étudiés en laboratoire, dorment avec la tête sous l'aile. Le relâchement musculaire accompagnant le sommeil paradoxal provoque une décontraction de l'aile qui retient la tête. Régulièrement, l'oiseau doit maintenir sa tête en contractant le cou. D'où un tonus instable. Lorsque Gérard Dewasmes étudia le sommeil de l'oie domestique, qui pose sa tête sur le dos, il enregistra effectivement une atonie du cou. Les oiseaux qui dorment en reposant la tête sur un support, comme la mouette, le goéland ou le flamant, présentent une véritable atonie du cou. Chez les autres, l'atonie s'effectue en pointillé. Quant à la perdrix, originale, elle dort par terre, tête confortablement posée, mais… pattes en l'air.

Comment hypnotiser un poulet

Il y a plus de trois siècles, un moine autrichien étudia pour la première fois l'hypnose animale, chez le poulet domestique. L'hypnose est une invention des animaux pour clouer leur proie sur place. Le faucon hypnotise le passereau en le regardant dans les yeux, tout comme le serpent avec la grenouille. D'ailleurs, on peut ainsi tétaniser la plupart des oiseaux en leur plaçant la tête sous l'aile. Dans cet état de torpeur profonde, l'animal ne répond à aucune stimulation, il perd tout réflexe de fuite, ses muscles se rigidifient, son rythme cardiaque diminue, sa respiration ralentit, et son EEG s'altère. La durée de l'hypnose dépend de l'espèce, et à l'intérieur de l'espèce, de l'individu. Chez le poulet domestique, elle est généralement d'une dizaine de minutes, mais devient plus brève, s'il s'agit d'un poulet habitué à l'expérimentateur. Sa fin est brutale : l'animal se redresse et tente de s'échapper.

Habitat collectif
Les nids collectifs sont rares. Mais remarquables. Le plus célèbre est celui du moineau républicain d'Afrique (ci-dessus), qui peut dépasser 4 m de diamètre et 7 m de hauteur, et compter jusqu'à 150 chambres ! Tous les oiseaux travaillent à la confection du toit commun. Le nid collectif est piqué d'entrées individuelles. Il s'agrandit d'année en année avec l'arrivée de nouveaux couples. Parfois, il devient si lourd qu'il s'écrase au sol. Hors périodes de reproduction, les oiseaux dorment à plusieurs par chambre pour se réchauffer.

Le terme d'hypnose n'est plus utilisé par les éthologues contemporains, qui lui préfèrent celui « d'immobilité tonique ». S'agit-il en fait d'une forme de sommeil avec perte de conscience ? Non, car l'animal reste capable de surveiller son environnement. En fait, l'oiseau hypnotisé est avant tout tétanisé par la peur. La même expérience chez un oiseau sous tranquillisant ne provoque pas d'hypnose.

Les oiseaux adoptent d'autres stratégies surprenantes. Incapables d'hiberner, certains engrangent des réserves, d'autres migrent vers

des pays cléments, d'autres enfin, comme les tourterelles, se mettent en état de torpeur somnolente. Retirées dans un abri, immobiles, elles utilisent toute leur énergie à maintenir leur température interne. Le chercheur américain Ralph Berger a montré que les oiseaux entrent toujours en torpeur durant une phase de sommeil lent. Sommeil et torpeur sont d'ailleurs en corrélation : l'état de torpeur s'accompagne d'une nette augmentation du temps de sommeil. Cette torpeur diffère de l'hibernation des mammifères. Les oiseaux reprennent conscience entre deux phases de sommeil et leur métabolisme ne diminue que faiblement. Ce dispositif de survie reste une exception. Quelques jours de jeûne suffisent, par exemple, à faire mourir de faim une mésange.

Demi-veille ou demi-sommeil ?

Les oiseaux peuvent-ils dormir d'un œil ? Les ornithologues décrivent chez plusieurs espèces de brefs instants de sommeil avec un œil ouvert. Des signes de sommeil sont alors enregistrés dans

Le réveil miraculeux du bébé martinet
En période de pénurie, les bébés martinets affamés adoptent une étonnante stratégie d'économie d'énergie. Ils entrent en léthargie, glacés et inertes comme de vrais cadavres. Au retour des parents, chargés de nourriture, ils reviennent à la vie et se réchauffent en moins d'une demi-heure (ci-dessous).

OISEAUX DE NUIT

Les oiseaux munis d'une horloge interne, située dans la glande pinéale, présentent tous un rythme circadien. Ce rythme, chez la majorité d'entre eux, est diurne. Trois grands groupes sont toutefois adaptés à la vie nocturne : les chouettes, les kiwis de Nouvelle-Zélande (à droite) et le guacharo (ci-dessus), cousins des engoulevents, quant à eux crépusculaires. De nuit, le chant est un repère important. Harmonieux chez le rossignol (ci-dessus, à droite), il semble lugubre chez les chouettes et les engoulevents. De nombreux petits oiseaux, équipés pour le vol nocturne, voyagent de nuit afin d'éviter les rapaces diurnes.

l'hémisphère du cerveau correspondant à l'œil fermé, et des signes de veille dans l'autre.

Quant à dormir les yeux ouverts… les chercheurs sont partagés. Charles Amlaner considère que les oiseaux peuvent dormir ainsi, en « sommeil vigile », voire d'un œil et d'un demi-cerveau. Ralph Berger parlerait plutôt d'une demi-veille (*half-wake*). Gérard Dewasmes, lui, réfute l'idée même de sommeil partiel : « Les oiseaux à demi éveillés sont dans un état de somnolence, mais on ne peut parler de demi-sommeil, encore moins de sommeil véritable. Sinon, il faudrait considérer que les oiseaux passent la majorité de leur temps à dormir ! »

Le sommeil des oiseaux se distingue par d'autres singularités. Ainsi, les oiseaux prédateurs, comme l'aigle (photo p. 77 en haut), ont un taux de sommeil paradoxal identique à celui d'un étourneau. Nous verrons qu'à l'inverse, chez les mammifères, les prédateurs connaissent plus de sommeil paradoxal que leurs proies. De même, contrairement à la règle observée chez les mammifères, de gros oiseaux, comme le pingouin, présentent plus de sommeil paradoxal que les petits.

Est-ce parce que les oiseaux, contrairement aux mammifères, ne se couchent généralement pas qu'ils développent peu de sommeil paradoxal ? Il faudrait mesurer le taux de ce sommeil chez l'autruche, qui dort à terre, pour éclairer le mystère. Selon le scientifique israélien Peretz Lavie, le sommeil s'adapterait effectivement aux conditions de vie de chaque espèce.

4

Dormir comme un mammifère

LE CHAT QUI DORT évoque le bonheur simple de s'adonner au sommeil. Simple, mais encore très énigmatique. Car si le sommeil des mammifères, aujourd'hui décortiqué, enregistré, analysé et scientifiquement étudié, de la souris à l'éléphant, chez plus de 150 espèces, dévoile l'essentiel de ses manifestations et de ses mécanismes, il garde encore des secrets. Sa véritable fonction reste méconnue, et particulièrement, celle du sommeil paradoxal et des rêves. C'est chez les mammifères, et particulièrement chez l'homme, au sommet de l'échelle de l'évolution, que le sommeil atteint toute sa maturité et sa complexité. De nombreuses expérimentations et observations ont pu être effectuées sur les chats et les rats, précieux modèles pour tenter de comprendre les mécanismes du sommeil. Il reste surtout à connaître la fonction de cette étonnante spécialisation du repos qui met le dormeur en danger, ce qui va à l'encontre des stratégies habituelles du règne animal.

Les mammifères ont un sommeil alternant des phases de sommeil calme et des phases de sommeil agité. Néanmoins, de grandes différences existent d'une espèce à l'autre quant à la durée du repos, la période et la durée des phases paradoxales (sommeil agité), ou encore le choix des litières et les postures. Qui dort couché, debout, assis, en boule, sous terre ou dans les arbres? Qui est insomniaque ou paresseux? De toute façon, le plus naturellement du monde, un mammifère se repose lorsqu'il n'a plus rien à faire, estomac rempli et reproduction assurée. Mais également pour éviter de rencontrer des prédateurs, pour conserver de précieuses calories ou pour attendre des jours meilleurs…

Couverture de survie
Le hérisson se met en boule, à l'abri de sa fourrure piquante, en cas de danger, pour dormir, ou encore pour hiberner (photo page de gauche). C'est à la nuit tombée que le renard (dessins ci-contre) sort de son terrier.

Boule de sommeil
S'il n'est pas dérangé, le muscardin dort plus de quinze heures sur vingt-quatre. À la veille des premières neiges, il confectionne un nid isotherme pour une longue hibernation durant laquelle il adopte la posture de son sommeil: enroulé en boule (ci-dessous).

Ce que bâiller veut dire
Méfions-nous des loups qui bâillent, à la tombée de la nuit. Ils ne sont pas en train de se préparer à sombrer dans le sommeil. Au contraire! Les bâillements sont rapidement suivis d'une série d'aboiements. Les loups hurlent en cercle, pour préparer leur chasse nocturne, avant de partir à la queue leu leu. Mais le loup, ci-contre, tout comme les félins, page de droite, bâille vraiment de sommeil.

Manque de tonus
Le koala vit dans les eucalyptus en se nourrissant de leurs feuilles. Pauvres en protéines, elles ne lui fournissent que peu d'énergie, et le koala, qui manque de tonus, passe la plupart du temps à s'économiser, dormant quelque 18 heures par jour.

Le rat au bois dormant

À peine plus gros qu'une belle noix, le muscardin (*Muscardinus avellanarius*), surnommé rat d'or en raison de la couleur de son pelage, est un adepte du sommeil prolongé (photo page précédente). Il habite un nid d'herbes et de feuilles, tissé en forme de boule au cœur d'un enchevêtrement de ronces, dans lequel il dort en paix, toute la journée. Au coucher du soleil, le muscardin sort de sa tanière, se lave minutieusement, et part à la recherche de petits fruits. Son activité dure environ deux heures. Le reste de la nuit s'écoule en longues siestes, sur une branche, dans un équilibre précaire, sa queue lui servant de balancier. Cette posture instable est une ruse. Au moindre frémissement de la branche sur laquelle il se repose, le muscardin, déséquilibré, se réveille en sursaut et s'enfuit à toute vitesse. Vers trois heures du matin, avant que s'éveillent les prédateurs de l'aube, le rat d'or regagne son abri pour dormir. Toutefois, sa vigilance n'est pas totalement éteinte. Un craquement du feuillage suffit à le faire sortir comme un diable de sa boîte. Vif et agile, il se perd alors dans les ronces, avant d'adopter cette stratégie de camouflage déjà décrite chez d'autres espèces plus primitives. Pétrifié sur place dans une posture acrobatique différente de celle adoptée lors de ses siestes nocturnes, il imite à s'y méprendre un bout de bois ou une feuille morte qui pend.

En hiver, le muscardin abaisse graduellement sa température, jusqu'à friser la congélation. Dans le même temps, il perd conscience et se raidit. Sa respiration et son rythme cardiaque se ralentissent au dernier degré. Pour se maintenir hors gel, à l'instar de tous les mammifères hibernants, le rat d'or brûle ses réserves d'une graisse brune spécifique. Toutes les sept ou huit nuits, il sort de son hibernation. S'agit-il alors de vérifier que cette mort apparente est réversible ? Le mystère demeure. Toujours est-il qu'en deux heures, la petite boule gelée élève sa température à 32 °C, tout en retrouvant souplesse et conscience. Après une heure d'éveil, le muscardin retourne à son hibernation. Cinq heures suffiront pour qu'il redevienne raide et froid. Au printemps, le petit rat momifié reprend vie et activité.

Hiberner, dormir, paresser

Le loir représente le symbole populaire du farniente, en raison de la profondeur de sa torpeur hivernale. Durant l'hibernation, chacun de ses réveils consomme une grande quantité d'énergie. Lorsque les redoux hivernaux – qui provoquent son réveil – se renouvellent trop souvent, le loir meurt d'épuisement. Hibernants ou non, les rongeurs, qui représentent à eux seuls la moitié des 4 600 espèces de mammifères, sont de gros dormeurs. Les marmottes hibernent dans des terriers collectifs sur un lit de foin, blotties les unes contre les autres, et se réveillent toutes les quatre semaines. Est-ce pour vider leur vessie et faire quelques crottes ? Mystère. À la belle saison, la marmotte reste adepte de la sieste. Couchée de tout son long, près de l'entrée de son terrier, elle passe de longs moments immobile. De loin, elle semble endormie. En fait, méfiante, elle se repose tout en gardant les yeux ouverts. Que l'ombre d'un aigle plane, elle pousse un cri strident qui prévient ses congénères, et toutes s'engouffrent dans leur terrier. L'aspect lymphatique de la marmotte est renforcé par cette habitude qu'elle a de bâiller longuement. Cette attitude, largement partagée chez les mammifères, est un réflexe parfois rattaché au sommeil dans une relation encore mystérieuse, indiquant tout aussi bien un besoin de repos qu'un réveil serein, et qui s'avère souvent contagieux.

Comme les espèces plus primitives, les mammifères disposent de stratégies adaptatives pour survivre à l'hiver, dont l'hibernation.

L'heure de la sieste
Ce jeune orang-outang (à gauche) s'octroie une sieste en pleine journée, à même les branches, alors qu'il se tisse un hamac dans les arbres pour son sommeil nocturne. De même, les félins, comme le guépard, ci-dessus, ou le chat domestique, ci-dessous, sont de fervents adeptes de la sieste, au sortir de laquelle ils s'étirent et bâillent longuement.

Tranquille!
Le propithèque sifaka de Verreaux, grand lémurien de Madagascar, dort la nuit, sur une branche au sommet des arbres, hors d'atteinte des prédateurs. De jour, il se déplace avec souplesse et décontraction pour se nourrir de fruits, de feuilles et de bourgeons. Ceci sans précipitation et entre deux siestes. Au repos, il se décontracte, membres allongés au soleil. Une vie somme toute… paisible.

Nocturnes pandas
Si le petit panda (photo page de droite) se nourrit à terre la nuit, il passe sa journée à dormir dans les arbres, enroulé en boule, allongé sur une grosse branche ou assis à califourchon. Son cousin, le panda géant (photo p. 95), a lui aussi des mœurs nocturnes.

Commune à de nombreux rongeurs et insectivores de petite taille (hérisson, lérot, hamster doré, écureuil fouisseur…), aux marsupiaux ancestraux (opossum nord-américain, koala), mais également aux chauves-souris, l'hibernation se caractérise par un ralentissement des fonctions et une chute marquée de la température corporelle, à la limite parfois de la congélation, comme chez le rat d'or. Cette adaptation se distingue d'autres formes d'endormissement observées chez le raton laveur d'Amérique du Nord, le blaireau, l'ours d'Europe ou l'ours noir d'Amérique, qui ralentissent considérablement leur activité, mais leur température corporelle ne descend pas au-dessous de 30 °C. L'ours hiverne donc mais ne peut hiberner: à 15 °C, il meurt. Le fourmilier australien, mammifère primitif chez lequel la thermorégulation reste imparfaite, quant à lui, hiberne en pointillé, de même que l'ornithorynque.

Longtemps considérée comme une forme particulière de sommeil, l'hibernation s'apparente plutôt à du repos. L'écureuil fouisseur émergeant de son hibernation, pour de courtes périodes, tous les quinze jours, visiblement en manque de sommeil, s'empresse… de dormir. L'hibernation est pourtant, dans une certaine mesure, liée au sommeil. Elle débute toujours lorsque l'animal est endormi. Le sommeil paradoxal diminue au fur et à mesure que s'installe la torpeur, pour disparaître totalement, laissant place au seul sommeil lent. Puis, dès que la température de l'animal hibernant descend en dessous de 25 °C, son EEG devient plat: toute activité cérébrale disparaît.

Le paresseux n'hiberne pas, mais passe sa vie pendu aux branches des arbres, dormant ou somnolant 90 % de son temps. Il ne se déplace qu'avec une extrême lenteur et ne descend de son arbre qu'une fois par semaine, pour déféquer. D'ailleurs, il bouge si peu que dans l'atmosphère humide de sa forêt tropicale, des algues colonisent sa fourrure et la teintent d'une couleur verdâtre. De même, l'opossum, petit mammifère parmi les plus primitifs, dort une vingtaine d'heures par jour. Les félins sont, eux aussi, de grands adeptes du sommeil. Mais si le chat domestique dort 18 heures sur 24, le chat sauvage s'active toute la nuit pour chasser, et ne dort que 5 à 6 heures, durant la journée. Quant aux lions, qu'ils soient au zoo ou dans la savane, ils passent des jours entiers à dormir en digérant leur dernière proie.

Dormir debout

La minuscule musaraigne, agitée comme une puce, est quasiment insomniaque par nature. Elle est en effet si petite qu'elle se refroidit très rapidement. Aussi doit-elle se nourrir sans cesse pour se réchauffer. Sans manger pendant deux ou trois heures, elle meurt ! Dans ces conditions, elle ne peut s'adonner au sommeil plus de quelques minutes d'affilée. Le chevreuil, quant à lui, ne dort pas plus de 4 heures par jour. Lorsque la femelle allaite, elle s'assoupit à peine une heure et demie. De plus, elle ne ferme jamais les yeux plus de 10 minutes d'affilée, et son sommeil est si léger qu'elle réagit aux bruits les plus faibles, et même aux odeurs. De manière générale, et exception faite des très petits mammifères, le temps de sommeil est lié à la taille. Plus l'animal est grand, moins il dort. L'éléphant ne dort que cinq ou six heures par nuit, dont deux heures debout. De fait, les grands animaux, dont le cheval ou la vache, sont de petits dormeurs et passent plus de la moitié de leur temps de sommeil debout. Avec environ quatre heures de sommeil par vingt-quatre heures, la girafe est l'une des plus insomniaques.

Sur le sable ou sur l'herbe
Lorsqu'elle dort hors de l'eau, l'otarie se couche sur le sable, ou reste assise, la tête légèrement en arrière, immobile et les yeux fermés. Quant à l'éléphant (ci-dessus et double-page suivante), délicat, il se confectionne un petit oreiller d'herbe pour y poser la tête lorsqu'il se couche.

Si tous ces mammifères dorment peu, c'est qu'ils passent la majeure partie de leur temps à manger. Cela est surtout vrai pour les herbivores, dont l'alimentation, pauvre en calories, doit être particulièrement abondante, et parmi eux, plus encore pour les ruminants, qui doivent, estomac plein, garder encore une certaine vigilance pour ruminer. La durée et la profondeur du sommeil sont aussi liées à l'endroit où s'endort l'animal. Plus celui-ci est sécurisé, meilleur sera le sommeil. Afin d'échapper à ses prédateurs, le babouin *Papio papio,* qui vit dans la savane africaine, dort sur les plus hautes branches des arbres, assis sur les talons. Dans cette situation inconfortable (qui évoque celle des oiseaux!), il est difficile de sombrer dans un sommeil profond, avec atonie musculaire, sans tomber.

Mais comment font les petits dormeurs pour vivre sans sommeil, ou presque? Ils dorment par « éclairs » de très courte durée, et compensent leur manque de sommeil en somnolant dans un état de veille passive. L'étrange okapi du Congo dort encore moins que sa cousine la girafe: cinq minutes en 24 heures, mais pas d'affilée! Son sommeil est coupé en 10 tranches de 30 secondes…

LE DEMI-SOMMEIL DU DAUPHIN

Les études menées dans les années 1980, par le Russe Lev Mukhametov, ont levé le voile sur le sommeil des mammifères marins. Ceux-ci ont développé plusieurs types de sommeils spécifiques, adaptés à la vie dans l'eau et à une respiration consciente. Sous l'eau, le phoque dort par à-coups. L'EEG révèle l'alternance de sommeil lent, alors que l'animal poursuit sa nage et sa respiration à la surface, et de sommeil paradoxal durant les pauses respiratoires. Le sommeil de l'otarie est essentiellement un sommeil lent d'un seul hémisphère à la fois, avec toutefois la persistance de quelques courts épisodes de sommeil lent bilatéral et de sommeil paradoxal. Enfin, chez le dauphin, le sommeil paradoxal est difficilement décelable: il semble dormir d'un seul hémisphère à la fois et uniquement en sommeil lent. L'autre hémisphère reste en éveil, lui permettant de poursuivre sa nage et de respirer.

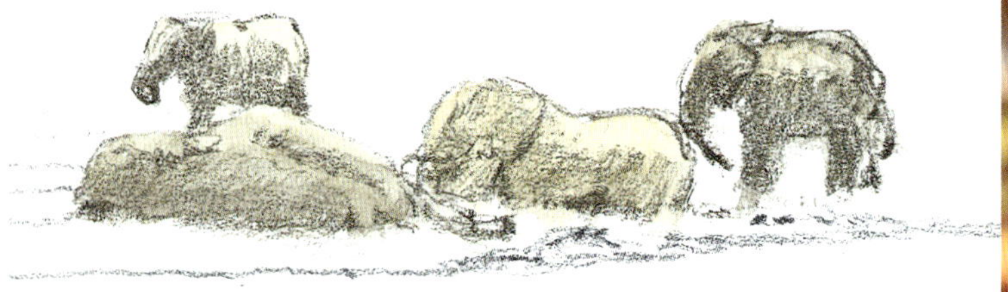

Sommeil social
Dans un troupeau d'éléphants (ci-dessus), il suffit qu'un congénère commence à bâiller pour que les autres se mettent à l'imiter. Le groupe ne tarde pas alors à s'endormir.

Dormir l'un contre l'autre
Les deux makis (ci-contre) se sont assoupis en plein jour l'un contre l'autre, queue rabattue, tête baissée.

Comment dort la girafe
La girafe aux longues pattes se couche rarement, car elle a beaucoup de mal à se relever et à s'enfuir en cas de danger. Toutefois, elle dort parfois en position de sphinx, tête en balancier au-dessus du sol. Dormant debout, elle pose son cou sur son arrière-train, pour de brefs instants. On peut alors en déduire qu'elle connaît des épisodes de sommeil paradoxal.

Des nids et des postures

Les mammifères multiplient les postures de sommeil. Le paresseux (photo page de droite) et la chauve-souris dorment suspendus la tête en bas. Les carnivores se mettent en boule, mais s'étalent de tout leur long en cas de chaleur. Le fourmilier se couche sur le flanc en rabattant sur lui sa queue touffue, comme on le ferait d'une couette. Le phoque peut dormir dans l'eau, à la verticale. Son cou, gonflé d'air, lui sert alors de bouée. L'éléphant, lui, délicat, se confectionne à l'aide de sa trompe, un petit oreiller qu'il glisse sous sa tête avant de se coucher. Si la girafe dort debout, elle installe parfois sa tête sur une branche, pour reposer son long cou. Quant aux postures des primates en train de dormir, elles évoquent tout à fait celles de l'homme. Nomades, les gorilles des montagnes changent de lit chaque soir. Sans prédateurs, chacun confectionne son nid à même le sol, dans une clairière, avec de larges feuilles. Ce changement d'habitat quotidien assure une bonne hygiène, les parasites n'ayant pas le temps de coloniser le site du couchage. Les orangs-outans fabriquent de même leurs lits pour une nuit, mais dans les arbres, à 20 ou 30 mètres du sol. Au coucher du soleil, le mâle commence à tester la solidité des branches en se balançant et en sautant dessus.

Celle-ci doit résister à ses 90 kg et ses 14 heures de sommeil ! Lorsque le support lui convient, l'orang-outan tisse, avec habileté et rapidité, une plate-forme de lianes. La femelle prépare son nid à part, pour elle et pour son petit.

Mais le nid ne suffit pas. Le sommeil, qui dépend, comme nous l'avons déjà vu chez les espèces moins évoluées, de l'horloge interne, du degré de fatigue, de la longueur de l'éveil précédent, est également lié aux conditions de sécurité. Un animal stressé ne peut s'endormir. Pour que son système d'éveil se relâche, il ne doit pas se sentir menacé. Aussi adopte-t-il, le plus souvent, un site protégé et une posture confortable. Enfin, et cette donnée est la moins connue, le sommeil est lié à la température du corps. Impossible de dormir lorsqu'il fait trop chaud ou trop froid. La température ambiante est mesurée par des récepteurs thermiques situés, chez le chat, sur les oreilles et la face. Swann, physiologiste américain, a mis en évidence, chez toutes les espèces étudiées, que lorsqu'un animal sombre dans le sommeil, la température au niveau de ses récepteurs thermiques est précisément de 27 °C. Dans les conditions extrêmes, chacun doit se débrouiller. Ainsi, pour se défendre de la chaleur, le rat du désert se creuse une galerie ventilée sous terre. En se couchant, il humecte de salive sa face, qu'il place dans le courant d'air. L'évaporation abaisse la température de façon que ses thermorécepteurs soient maintenus à 27 °C. Dans le froid polaire, le renard arctique les réchauffe en mettant sa tête entre ses pattes.

Toute une vie à paresser
Le paresseux est aux mammifères ce que le phasme est aux insectes. Dès son plus jeune âge et jusqu'à sa mort, nuit et jour, il dort ou somnole accroché à une branche 20 heures sur 24 !

Le paradoxe du sommeil

Les mammifères présentent donc trois phases de vigilance : l'éveil, le sommeil orthodoxe ou sommeil calme, et le sommeil paradoxal ou sommeil agité. L'éveil est, bien entendu, vital pour l'animal et, au sein du cerveau, de nombreux neuromédiateurs l'entretiennent : histamine, acétylcholine, noradrénaline, dopamine…

Une trompe pour tétine (double-page précédente)
Le bébé éléphant s'endort parfois en suçant sa trompe.

Durant l'éveil, tous les systèmes cérébraux sont actifs… sauf ceux du sommeil. Le sommeil calme, appelé aussi sommeil lent, est caractérisé par des ondes corticales lentes. Le sommeil agité révèle, quant à lui, un tracé cérébral similaire à celui de la veille, ou du moins de l'endormissement, avec ondes rapides de faible amplitude. Ce sommeil s'accompagne, en outre, d'une nette accélération des rythmes respiratoire et cardiaque. D'où le terme de sommeil paradoxal utilisé par Michel Jouvet. Le paradoxe est surtout que dans le même temps, l'animal est en atonie musculaire totale, une étonnante paralysie réversible, à l'exception de ses yeux, qui bougent dans tous les sens sous ses paupières fermées, et de son sexe, en érection. Les mouvements des yeux comme l'érection restent un mystère. Chez les grands mammifères, mais aussi chez les chatons, on observe, de plus, des mouvements vifs des membres et des oreilles, voire des gémissements.

Les rêves sont principalement associés au sommeil paradoxal. Puisqu'il est impossible de réveiller un animal, aussi évolué soit-il, pour lui faire raconter ses rêves, il fallait trouver un autre moyen de vérifier leur existence. Dans les années 1950, Michel Jouvet imagina un protocole ingénieux. En détruisant certains neurones du tronc cérébral chez le chat, il leva l'inhibition musculaire qui accompagne habituellement le sommeil paradoxal. Après cette opération, le chat profondément endormi, les yeux fermés, se met à courir comme s'il poursuivait une souris, à hérisser son poil comme s'il apercevait un chien, ou encore à se lécher frénétiquement comme s'il effectuait sa toilette. Démonstration était faite non seulement que le chat rêve, mais également que l'atonie musculaire qui accompagne le sommeil paradoxal agit surtout comme un garde-fou, empêchant le sujet de mimer ses rêves.

Le repos du guerrier
À taille égale, le sommeil de prédateurs comme le lion, la panthère des neiges (ci-dessus) ou l'ours, est plus long, plus profond et plus serein, que celui des proies. Lièvre ou antilope, dormeurs inquiets, en état permanent d'alerte, dorment par petites séquences, sans s'abandonner totalement.

Dormir d'une traite

Les primates bénéficient du sommeil le plus complexe du règne animal, résultat d'une longue évolution. Chimpanzés (ci-dessus à droite et photo double-page suivante), gorilles, orangs-outans ou babouins (dessins et photo ci-dessus à gauche) présentent un sommeil semblable à celui de l'homme, rassemblé en une seule période, généralement nocturne, mais qui n'exclut pas quelques siestes de jour. Les autres mammifères ont un sommeil plus fractionné : leurs périodes d'activité sont entrecoupées d'endormissements plus ou moins longs.

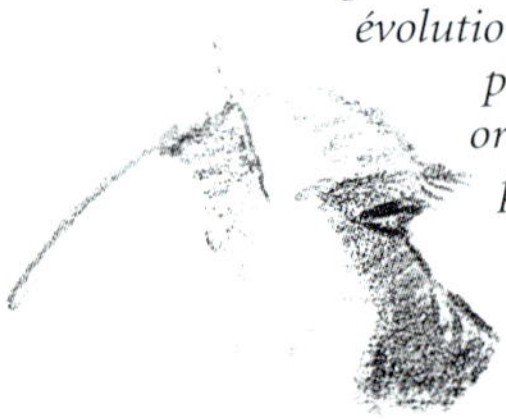

Où est le moteur du sommeil ?

Comme les animaux moins évolués, les mammifères sont nocturnes, diurnes ou crépusculaires. Leur sommeil est réglé par cette horloge biologique circadienne dont la création remonte certainement à l'origine de la vie. Les études sur le hamster, dont le rythme de repos et d'activité est très marqué, dormant le jour et passant la nuit à courir dans sa roue, ont permis de localiser l'horloge interne des mammifères. Celle-ci est constituée d'un groupe de neurones formant les noyaux suprachiasmatiques, situés dans le cerveau, au niveau de l'hypothalamus. Si elle le synchronise, ce n'est pourtant pas l'horloge interne qui déclenche le sommeil. La génétique vise aujourd'hui à trouver les gènes et chromosomes impliqués dans les différents mécanismes du sommeil. Les scientifiques tentent ainsi d'isoler, chez la souris, les gènes du sommeil : ceux impliqués dans la durée totale du sommeil, ceux du sommeil paradoxal, ou encore ceux des mouvements oculaires rapides.

Selon toute vraisemblance, le sommeil paradoxal est apparu il y a environ 180 millions d'années. Son existence chez l'opossum, fossile vivant, accrédite cette hypothèse. Le rythme et la durée du sommeil paradoxal sont caractéristiques de chaque espèce. La périodicité la plus courte s'observe chez la souris : toutes les 4 minutes durant son sommeil (toutes les 5 minutes pour le chinchilla ou la chauve-souris, toutes les 12 minutes pour l'écureuil, le porc ou le mouton). Cette périodicité s'allonge à 20 minutes chez la taupe ou le poney, à 30 minutes chez le chat, à 40 minutes chez le babouin, à 60 minutes chez le tapir, et enfin, à 90 minutes environ chez les grands primates, dont l'homme.

Le plus remarquable reste que, toutes espèces confondues, chaque cycle de sommeil comporte environ trois quarts de sommeil lent suivis d'un quart de sommeil paradoxal. En fait, la périodicité du sommeil paradoxal est proportionnelle à l'importance du métabolisme. Ainsi, les rêves d'une souris sont-ils beaucoup plus nombreux, mais beaucoup plus courts que ceux d'un éléphant.

Par ailleurs, les prédateurs connaissent davantage de sommeil paradoxal, et donc plus profond, que les proies. Même si elles sont très restreintes et difficiles à mettre en évidence chez le dauphin, le primitif échnidé et l'ornithorynque, tous les mammifères présentent des phases de sommeil paradoxal. Parmi les champions du rêve, le tatou géant développe 6 heures de sommeil paradoxal par jour et l'opossum 5 heures.

La quantité de sommeil paradoxal évolue toutefois avec l'âge et dépend aussi chez les nouveau-nés du degré de maturité à la naissance. Les mammifères adultes présentent environ cinq fois moins de sommeil paradoxal que les jeunes. En outre, plus un animal est immature à la naissance, plus son taux de sommeil paradoxal sera élevé. Certains mammifères qui naissent très immatures – ainsi que l'enfant prématuré chez l'homme – dorment exclusivement en sommeil paradoxal, le sommeil lent n'apparaissant que plus tard. Lorsqu'ils ne sont pas prématurés,

Sommeil domestiqué
Quand nos chats d'appartement s'activent de jour, c'est pour imiter leurs maîtres. Le chat sauvage, lui, nocturne, chasse de nuit. Se domestiquant, le chat a inversé son rythme de repos/activité. D'ailleurs, même de jour, le chat nourri par l'homme se laisse aller à de longues siestes, ne s'affairant que pour retrouver sa gamelle et se toiletter méticuleusement du bout de la langue.

les nouveau-nés des primates rêvent durant la moitié de leur sommeil. Quant au sommeil paradoxal des chatons, très immatures et dépendants de leur mère, il couvre 90 % de leur temps de sommeil, durant les 10 premiers jours de leur vie. En revanche, le poulain, qui peut gambader et brouter quelques heures après sa naissance, présente d'emblée un quart de sommeil paradoxal. Ce sommeil étrangement actif et profond accompagnerait donc la maturation cérébrale des mammifères dont l'élaboration du cerveau n'est pas achevée à la naissance. Si, d'autre part, la fonction du sommeil paradoxal reste mystérieuse, sa nécessité ne fait pas de doute. Lorsqu'on empêche une souris qui dort d'entrer en sommeil paradoxal, en interdisant le relâchement de ses muscles, son repos ultérieur est marqué par une augmentation importante de la quantité de sommeil paradoxal.

Chambre à coucher
Le renard gris argenté est le seul renard capable de grimper aux arbres, escaladant les troncs, se déplaçant avec agilité sur les branches, s'y réfugiant et s'y reposant. Mais le jour, pour dormir, il s'abrite le plus souvent dans un terrier, une grotte ou une crevasse de rocher.

Pourquoi dormir ?

Si l'on connaît les effets d'un manque de sommeil sur la croissance des primates (l'hormone de croissance étant sécrétée durant le sommeil), chez l'adulte, la fonction du sommeil reste mystérieuse. Le cerveau semble être, en tout cas, le seul organe à subir les conséquences d'une privation. L'équipe d'Allan Rechtschaffen, à Chicago, a étudié les effets de cette privation sur le rat. Totalement empêchés de dormir, les rats meurent au bout de 14 jours. Au début de l'expérience, on enregistre une augmentation de la température corporelle de l'animal. Puis les animaux se mettent à manger de plus en plus, tout en maigrissant, et leur température corporelle chute. Visiblement, leur métabolisme est affecté. En fait, Rechtschaffen a conclu que la privation de sommeil perturbe les neurones responsables de régulation de la température.

En phase finale, les rats sont froids et squelettiques. Toutefois, même à ce niveau qui semble irréversible, si on les autorise à nouveau à dormir, ils récupèrent très vite et aucun organe ne reste détérioré. Carol Eversen, de l'université de Memphis, soutient que la mort après privation de sommeil résulterait d'un effondrement des défenses immunitaires. Pourtant, les chercheurs de Chicago ont montré que l'administration d'antibiotiques n'empêche pas la mort des rats. Pour d'autres, le manque de sommeil serait moins à incriminer que le traumatisme des conditions expérimentales.

Chauffage central
Comment le renard arctique fait-il pour dormir dans un vent glacial ? Sa fourrure isotherme retient la chaleur de son corps, et il enserre son museau dans ses pattes avant. La chaleur de sa respiration réchauffe ses thermorécepteurs, maintenus alors à 27 °C. Cette température est indispensable à son endormissement.

Jim Horne, professeur au centre de recherche sur le sommeil à l'université de Loughbourg (Royaume-Uni) a mis en évidence l'importance du sommeil lent dans la récupération cérébrale. Après une privation totale de sommeil, le sommeil lent devient prioritaire sur les autres formes de sommeil. Plus vital donc que le sommeil paradoxal, il serait nécessaire à une synchronisation entre des groupes de neurones. En effet, sur l'EEG, les ondes lentes spécifiques du sommeil lent sont particulièrement visibles dans le cortex préfrontal, et Jim Horne suppose que le sommeil a connu une évolution chez les mammifères : « Le fait que le cortex préfrontal soit peu développé chez le rat suggère que les fonctions du sommeil lent se sont transformées en même temps que l'évolution des mammifères. D'abord facteur d'immobilisation et de conservation de l'énergie, il atteint son point culminant chez les primates, et particulièrement l'homme, en facilitant le processus de récupération des fonctions cérébrales. »

Quant au sommeil paradoxal, en dehors de son rôle probable dans la maturation cérébrale des nouveau-nés, il garde son mystère. Même s'il n'est pas vital, il doit avoir une fonction. Comment expliquer autrement qu'il se soit conservé depuis des millions d'années ? De récentes théories lient le sommeil paradoxal au passé et à la mémoire. Purge de la mémoire ? Entretien de la mémoire ? Michel Jouvet, lui, se tourne plutôt vers l'avenir en introduisant le concept de programmation. Durant le sommeil paradoxal, le cerveau serait stimulé et programmé pour être plus efficace lors de l'éveil.

Mais qu'il soit lent ou paradoxal, ce sommeil récupérateur, et incontestablement bénéfique, si bien partagé dans le règne animal, garde des secrets. Pour le biologiste russe Lev Mukhametov, spécialiste du sommeil des mammifères marins, « l'exemple du dauphin, qui ne cesse de bouger en dormant, montre que le sommeil n'a pas pour fonction essentielle de favoriser le repos et la reconstitution de différents organes. Il semble plutôt vraisemblable que la restauration de l'activité nerveuse cérébrale soit au cœur même de l'énigme posée par le sommeil chez les animaux ». Quant à résoudre cette énigme, les scientifiques ont encore devant eux des jours et des nuits d'une recherche passionnante…

Matelas de neige
L'ours blanc, comme le renard arctique, est équipé d'une fourrure isotherme qui lui permet de résister au froid polaire. Il ne craint pas de nager dans l'eau glacée ni de se coucher sur la neige pour dormir. Il passe les mois d'hiver dans un abri qu'il a creusé à l'horizontale dans un amas de neige. À la naissance des oursons, la femelle les prend dans ses pattes de façon qu'ils ne soient pas en contact avec la neige. Qu'un nouveau-né tout nu tombe dans la neige, et il est congelé sur-le-champ.

Un ours sous les tropiques
Le paisible ours brun des cocotiers, le plus petit des ursidés, vit en Malaisie et passe ses journées à dormir ou à somnoler en se chauffant au soleil, allongé au creux d'un d'arbre qu'il tapisse de branchage et de feuilles. À la tombée de la nuit, cet acrobate grimpe aux arbres, pour se nourrir de larves et de fruits. Sous cette latitude, l'ours ne connaît pas de léthargie hivernale.

Bibliographie

Dictionnaire du comportement animal, sous la direction de David Mc Farland, université d'Oxford, Bouquins/Robert Laffont, 1990

Dictionnaire du règne animal, sous la direction de Simon Tillier, Larousse, 1999

La Plus Belle Histoire des animaux, Pascal Picq, Jean-Pierre Digard, Boris Cyrulnik, Karine Lou Matignon, Seuil, 2000

Le Grand Livre des animaux, Solar, 1998

Encyclopédie des sciences de la nature, Larousse, 1995

Chapitre 1

La Grande Encyclopédie des insectes, Jiri Zahradnik et Milan Chvala, adaptation française de Michel Cuisin, Gründ, 1991

Ces formidables insectes, le livre des insectes du Muséum d'histoire naturelle, Miranda Macquitty et Laurence Mound, *The Natural History Museum* (Londres), PML éditions pour l'édition française, 1995

Souvenirs entomologiques, deux tomes, Jean-Henri Fabre, Bouquins/Robert Laffont, 1989

Atlas d'entomologie, Diptères d'Europe occidentale, Loïc Matile, deux tomes, Boubée, 1993

Ces petits animaux qui nous entourent, Le microzoo, Yves Coineau et Régis Cléva, Les frontières de l'invisible/Hachette, 1993

Le Long Sommeil des insectes, Frédéric Menu et Domitien Debouzie, *Pour la science*, n° 226, août 1996

Chapitre 2

L'Escargot Hélix aspersa, biologie – élevage, Jean-Claude Bonnet, Pierrick Aupinel et Jean-Louis Vrillon, INRA, 1990

La Vie des crapauds, Jean Rostand, Stock, 1990

Grand guide encyclopédique des serpents, Artémis, 1999

La Passion des tortues, Bernard Devaux, Sang de la terre, 1998

Chapitre 3

Les Oiseaux ne sont pas tombés du ciel, Jean Dorst, Jean-Pierre de Monza, 1995

Quand l'oiseau fait son nid, Giovanni et G. Ballani, Arthaud, 1996

La Migration des oiseaux, Robert Burton, Arthaud, 1995

La Vie des oiseaux, David Attenborough, Delachaux et Niestlé, 2000

Le Chant des oiseaux, André Bossus et François Charron, Sang de la terre, 1998

Les Rapaces d'Europe, diurnes et nocturnes, Paul Géroudet, Delachaux et Niestlé, 2000

Les Aigles, David Jones, Könemann, 1996

La Mésange bleue, Paul Isenmann, Éveil, 1996

Le Parc national des oiseaux du Djoudj, ouvrage co-édité par la république du Sénégal et le Land de Rhénanie Nord-Westphalie, disponible à la station scientifique du Djoudj, 1995

L'Arbalétrier, Pierre Déom, *La Hulotte* n° 78, 2000

Chapitre 4

Pourquoi rêvons-nous? Pourquoi dormons-nous?, Michel Jouvet, Odile Jacob, 2000

Le Monde du sommeil, Peretz Lavie, Odile Jacob, 2000

Le Sommeil et le Rêve, hors série de *La Recherche*, n° 3, avril 2000

Le Cerveau, un inconnu, dictionnaire encyclopédique, sous la direction de Richard L. Grégory, université d'Oxford, Bouquins/Robert Laffont, 1993

Pas si bêtes! Mille cerveaux, mille mondes, Muséum national d'histoire naturelle, Nathan, 1999

L'Émergence de la conscience, de l'animal à l'homme, Derek Denton, Champs/Flammarion

Le Rat d'or, Pierre Déom, *La Hulotte* n° 59, 1988

Et aussi: www. sommeil. univ-lyon1.fr

Crédits photographiques

Tous les dessins d'Alan Johnston sont extraits de *Cigognes noires*, Carnet de Voyage © Nouveaux Loisirs.

2-3 : BIOS (photo Philippe Henry) ; 5 : de haut en bas – Anne et Jacques SIX, Anne et Jacques SIX, SUNSET (photo Gérard Lacz), BIOS (photo Michel Denis-Huot) ; 8-16 : Anne et Jacques SIX ; 17 : Gilles MARTIN ; 18-24 : Anne et Jacques SIX ; 25 : gauche – Anne et Jacques SIX, droite – COLIBRI (photo B. Tauran) ; 26-29 : Anne et Jacques SIX ; 30-31 : Anne et Jacques SIX ; 32-33 : Stéphan BONNEAU ; 34-35 : BIOS (photo M. & C. Denis-Huot) ; 36 : HORIZON (photo C. Rives) ; 37 : Stéphan BONNEAU ; 38 : Anne et Jacques SIX ; 39 : BIOS (photo Jean Roche) ; 40 : en haut – BIOS (photo Pascal Kober), en bas – Anne et Jacques SIX ; 41 : BIOS (photo Pascal Kober) ; 42-43 : BIOS (photo Reinhard Dirscherl) ; 44 : BIOS (photo Pascal Kober) ; 45 : Anne et Jacques SIX ; 46 : gauche – JACANA (photo Philippe Prigent), droite – Anne et Jacques SIX ; 47 : Anne et Jacques SIX ; 48-49 : HORIZON (photo M. Luquet) ; 50 : COLIBRI (photo P. Polette) ; 51 : gauche – HORIZON (photo M. Luquet), droite – BIOS (M. Harvey/Fotonatura) ; 52 : gauche – BIOS (photo Régis Cavignaux), droite B. DEVAUX/Soptom ; 53 : BIOS (photo M. & C. Denis-Huot) ; 54-55 : SUNSET (photo Gérard Lacz) ; 56-57 : JACANA (photo Jors et Petra Wegner) ; 58-59 : BIOS (photo Seitre) ; 60 : COLIBRI (photo G. Zappa) ; 61 : Stéphan BONNEAU ; 62 : en haut – BIOS (photo Seitre), en bas – JACANA (photo Tom Walter) ; 63 : BIOS (photo Dave Watts) ; 64 : BIOS (photo Thierry Thomas) ; 65 : BIOS (photo Gilles Martin) ; 66-67 : SUNSET (Photo IBL) ; 68 : JACANA (photo Étienne Sipp) ; 69 : BIOS (photo Yves Noto Campanella) ; 70 : JACANA (photo Cauchoix Denis) ; 71 : SUNSET (photo Gérard Lacz) ; 72-73 : JACANA (photo Pierre Jaunet) ; 74 : Stéphan BONNEAU ; 75 : SUNSET (photo Gérard Lacz) ; 76 : JACANA (photo Winfried Wisniewski) ; 77 : en haut – COLIBRI (photo A. Christof), en bas – JACANA (photo René Volot) ; 78 : gauche – SUNSET (photo Gérard Lacz), droite – SUNSET (photo NHPA) ; 79 : SUNSET (photo FLPA) ; 80-81 : BIOS (photo Michel Denis-Huot) ; 82-83 : SUNSET (photo Weststock) ; 84-85 : SUNSET (photo Gérard Lacz) ; 86 : BIOS (photo Klein/Hubert) ; 87 : SUNSET (photo NHPA) ; 88 : en haut – BIOS (photo Klein/Hubert), en bas – SUNSET (photo Gérard Lacz) ; 89 : en haut – COLIBRI (photo D. Haution), en bas – SUNSET (photo Animals Animals) ; 90 : BIOS (photo Cyril Ruoso) ; 91 : en haut – SUNSET (photo Horizon Vision), en bas – BIOS (photo Julien Frebet) ; 92 : BIOS (photo Bergerot/Robert) ; 93 : BIOS (photo Cyril Ruoso) ; 94 : COLIBRI (photo J.-L. Paumard) ; 95 : gauche – BIOS (photo Christian Meyer), droite – BIOS (photo J. Watt) ; 96-97 : BIOS (photo Muriel Nicolotti) ; 98 : en haut – BIOS (photo Ala Wafart-Renodier), en bas – SUNSET (photo Gérard Lacz) ; 99 : SUNSET (photo Gérard Lacz) ; 100-101 : BIOS (photo Peter Weimann) ; 102 : gauche – BIOS (photo M. & C. Denis-Huot), droite – BIOS (photo Cyril Ruoso) ; 103 : BIOS (photo Michel Gunther) ; 104-105 : BIOS (photo N. Colbeck/OSF) ; 106 : BIOS (photo Klein/Hubert) ; 107 : en haut – SUNSET (photo NHPA), JACANA (photo Werner Layer) ; 108 : SUNSET (photo STF) ; 109 : BIOS (photo Philippe Henry).

Légendes

pp 2-3 : *L'écureuil gris est commun au Canada. Ici, il dort en boule dans un arbre du parc de Montréal, en équilibre précaire. Une stratégie : au moindre mouvement suspect de son support, il se réveille en sursaut et s'enfuit comme l'éclair.*

Chapitre 1

pp 8-9 : *Les papillons de nuit, comme cette runique, adoptent les teintes ternes du camouflage pour se confondre avec l'écorce de l'arbre.*

pp 10-11 : *Si son cousin le phasme imite les brindilles, la phillie s'est déguisée en feuille pour passer inaperçue.*

pp 12-13 : *Il est difficile, le plus souvent, de distinguer chez les insectes la posture du repos de celle de l'affût, comme ici, chez la redoutable mante religieuse.*

Chapitre 2

pp 30-31 : *Au repos, le caméléon adopte la couleur de son support et se stabilise grâce au contrepoids de sa queue.*

pp 32-33 : *Même en posture léthargique, les batraciens, ici la rainette à yeux rouges, restent vigilants : la moindre alerte provoque un rapide saut dans l'eau.*

pp 34-35 : *Les grands reptiles, comme le crocodile du Nil, passent des heures entières immobiles. Leur bouche grande ouverte sert de climatiseur.*

Chapitre 3

pp 54-55 : *Les oiseaux se partagent le ciel selon des plages horaires rigoureuses. Aux diurnes, le jour. Aux nocturnes, dont la chouette hulotte, la nuit.*

pp 56-57 : *Les perruches dorment souvent en couples, et adoptent des postures de sommeil facilement identifiables.*

pp 58-59 : *Le colibri est si petit que l'extrémité d'une feuille suffit à son repos. Minuscule oiseau-mouche, il ne pèse que quelques grammes.*

Chapitre 4

pp 80-81 : *Gros dormeurs, les félins bâillent le plus souvent de sommeil. Mais pas lorsqu'ils rugissent en même temps !*

pp 82-83 : *Le paisible koala se nourrit dans les arbres de feuilles qu'il doit consommer en quantité. Puis, repu et épuisé, il s'endort sur place.*

pp 84-85 : *Les orangs-outans dorment dans les arbres, sur des plates-formes de lianes individuelles. Le jeune reste blotti dans les bras de sa mère.*

Cet ouvrage a été imprimé en septembre 2002 sur les presses de l'imprimerie Artegrafica à Vérone (Italie)
sur un papier Satimat blanc, 170 gr, des papeteries Arjo Wiggins.

Septembre 2002